大阪市西成区にある在庫処分業者の倉庫には、毎日のように大量の衣料品（アパレル）が運び込まれ、各地の小売店やインターネット通販などに流れていく

不振のアパレル業界を映す鏡のように、地方や郊外の百貨店が相次ぎ閉店している。写真は 2017 年 3 月 20 日に閉店した三越千葉店

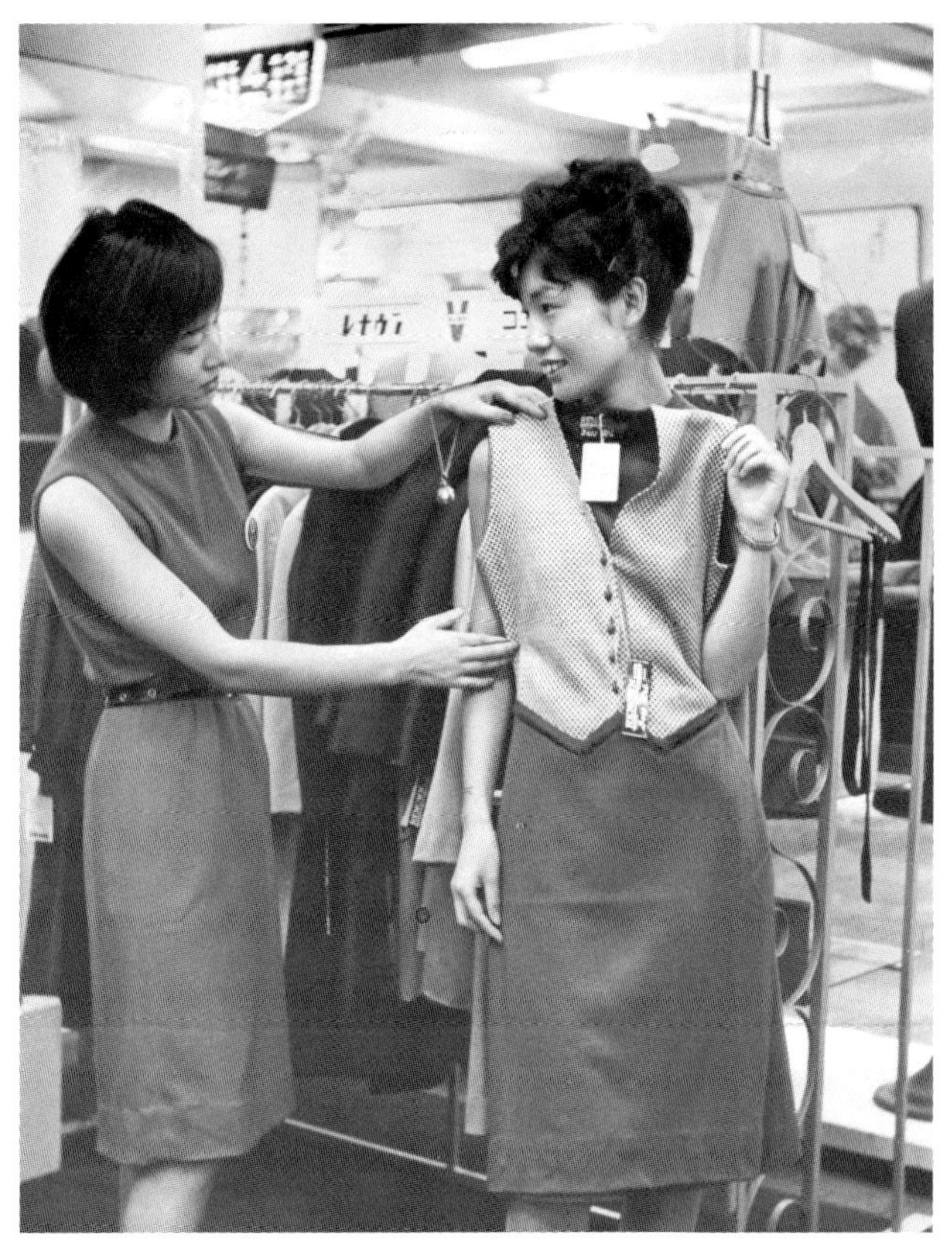

高度経済成長期には「百貨店で既製服を買う」ということが、流行の最先端だった

バブル崩壊以降、日本のアパレル企業は中国への生産シフトを進めてきたが、人件費の上昇などによって転機を迎えている

年間取扱高が2000億円を超える「ゾゾタウン」の物流倉庫。アパレルネット通販で一人勝ちを続ける（写真は2011年撮影）

米 Everlane（エバーレーン）のニューヨークの店舗。ネット販売が主体のエバーレーンの常設店は、ニューヨークとサンフランシスコの2カ所しかない

ミナペルホネンが2004年から作り続けるレース「フォレストパレード」。レースが立体的に揺れたり、重なったりするのが特徴で、定番となっている

ジャパンブルーの眞鍋寿男社長は旧式の力織機をわざわざ買い集め、こだわりのジーンズを作り続けている

桃太郎ジーンズの本店では、職人がデニム生地を手織りする作業風景が見られる。生産数は極めて少ないが、この生地を使ったジーンズも販売している

TOKYO BASE の谷正人 CEO（最高経営責任者）は倒産した老舗百貨店の創業家一族に生まれた。東証一部上場を果たし、「アジアの LVMH を目指す」と宣言する

誰がアパレルを殺すのか

杉原淳一
染原睦美

文庫版まえがき

２０２０年1月1日、三陽商会の岩田功氏が業績低迷の責任を取り、記者会見も開かないまま静かに社長職を退いた。同社は英高級ブランド「バーバリー」とのライセンス契約を終了して以降、収益の柱を再構築できず、２０２０年2月期まで4期連続の最終赤字を計上する。

再建を託された岩田氏だったが自らの手でそれを果たすことはできず、社長が2代続けて引責辞任という結末を迎えた。バーバリーチェックのミニスカートで一世を風靡した名門が凋落していく様は、アパレル業界が置かれた厳しい現状を示す証左と言えるだろう。

厳しい状況に置かれているのは三陽商会だけではない。各社とも高度経済成長期からバブル期までに築いてきたビジネスモデルからの転換に追われており、アパレル業界で老舗や大手と言われてきた企業に往時の勢いはない。

この書籍、『誰がアパレルを殺すのか』を取材・執筆していた２０１６～２０１７年当時、大手アパレル企業は人員削減や店舗、ブランドの閉鎖を進めていた。採算の悪くなった事業を切り離せば、その分だけ利益率は上向く。そうしたリストラの効果によって小康状態を保ってきたはずの業績が、足元でまた崩れ始めている。

その不振の原因は、過剰な商品供給がいまだに繰り返されているという点にある。経済産業省のまとめによると、アパレル製品の国内供給点数はピークだった2013年の約41億3000万点から、2015年には約36億7000万点まで大きく減った。ちょうど、ブランドの閉鎖や大量閉店が取り沙汰されていた頃と一致する。

しかし、2016年には再び増加に転じ、2017年には約37億9000万点まで戻している。大量の商品供給を通じてなんとか目先の売り上げを作ろうとする悪循環は、業績が悪化するほどそこから抜け出しにくくなる。

こうした事例に象徴されるように、本書の中で指摘している数々の問題や課題は今も解決されてはいない。「2014年頃から表面化したアパレル業界の不振は、各社の相次ぐリストラの成果で小康状態に入りつつある。ただ、それは本質的な解決策ではない。不採算店を閉めて退職者を募れば、確かに短期的な利益は改善するだろう」。本書の中でこんな一節を書いた。年月を経て、筆者の予想通りの展開となっている現実に、歯がゆい思いを抱いている。

本書は『日経ビジネス』の巻頭特集「買いたい服がない　アパレル〝散弾銃商法〟の終

焉」をベースに、様々なコンテンツを加筆したものだ。取材を始めるに際して、最初に掲げた問題意識、「誰がアパレルを殺すのか」をそのままタイトルに付けた。

出版して間もなく、アパレル業界からは大きな反響があった。本書に対する反応は2種類に分かれた。一つが「よくぞ指摘してくれた」という前向きな賛意。そしてもう一つが「こんな話、ずっと前からみんな知っていた」という〝反論〟だった。筆者が考えるに、問題の本質はその点にある。業界内では常識だが、世間一般から見れば非常識になっている慣行は少なくない。

〝業界〟に関わる人間なら誰もが気づくほど問題が広がっているのに、先達の時代からずっと放置されてきたことを自分の代に解決しようとする気にはならない。なにより目の前の仕事が忙しいし、そもそもどこから手を付ければいいのかも判然としない。スクラップアンドビルドが必要なことは分かるが、一方でそれを実行に移すことがいかに難しいか。本書をきっかけに様々な人々と交流を深めるにつれ、アパレル業界の悩みの深さを再確認してきた。

本書にはいくつかのキーワードがある。「思考停止」や「集団自殺」がそうだ。斜陽と言われる多くの業界に当てはまるのではないだろうか。「アパレル」の部分を所属する業界に変えても、違和感のない人は少なくないはずだ。

「まるで自分の業界や職場について指摘されているようだった」。アパレルとは違う業界で働く読者からはこうした共感の声を多く頂いた。高度経済成長期に味わった強烈な成功体験から抜け出せず、みんなが努力しているはずなのになぜか業界全体が沈んでいく。顧客が本質的に何を求めているのかを考え抜かないまま、「今はあれが売れている／流行っている」と聞けばすぐに飛びつき、各社横並びの「新規ビジネス」が雨後の竹の子のようにわいてくる——。そんな目の前の現実に嫌気がさしながらも、少しずつでも何かを変えようと懸命に取り組む人に本書が響いたのなら、筆者としてこれほど嬉しいことはない。

この本が最初に出版された2017年から年月を経て、当時と違う立場に置かれている登場人物・企業もいる。

例えば、TOKYO BASEの谷正人最高経営責任者（CEO）は2020年現在も高い利益率のビジネスを維持しているが、中華圏への出店を果たしたため、香港の自治を巡る騒動や新型コロナウイルスによる消費への影響をどう克服するかが新たな課題だ。セクハラ疑惑が報じられたストライプインターナショナルの石川康晴社長は同社を辞任している。

「アパレル業界は滅ぶのか」という問いには今でも変わらずNOと答える。実際、小規模ながら「自分の好きなモノ」にこだわり抜いて顧客の支持を得るビジネスモデルも生まれてきている。

ＳＮＳ（交流サイト）などの普及で、業界内に押し留められてきた欺瞞や不誠実さが明らかにされることも増えたが、逆に小規模な企業や個人レベルの経営者でもビジネスの根幹にある熱意や誠実さをダイレクトに消費者に訴えることもできるようになっている。従来型のアパレルビジネスの枠にとらわれない、若い精神と広い視野を持った経営者が活躍する世界は着実に広がっている。

人口減少が避けられない現実となり、右肩上がりの成長幻想が消えつつある現在、「何を捨てるべきか」という問いは全ての企業にあてはまる。アパレル業界に迫る変革の波も避けられそうにない。一つだけ分かっているのは、その勢いがこれからさらに激しさを増すということだけだ。

人は服を着て生活する。そんな身近な業界を深掘りして見えてきたのは、日本経済全体に当てはまる不振の構図だった。改めて、この本を手に取ってくれた多様な世界に生きる人達にとって、何らかの気付きを与え、一歩踏み出すきっかけとなる1冊になることを願っている。（本文中の社名や肩書、数字及び事実関係等は原則として単行本執筆時のものです）

２０２０年３月

杉原　淳一

はじめに

国内の衣料品（アパレル）業界がかつてない不振にあえいでいる。その危機的な状況は業界内に留まらず、報道などを通じて、広く世間に知れ渡るようになった。

苦境を端的に示すのは、数字だろう。

オンワードホールディングス、ワールド、TSIホールディングス（サンエー・インターナショナルと東京スタイルの統合によって2011年に発足）、三陽商会という、業界を代表する大手アパレル4社の2015年度の合計売上高は約8000億円。2014年度の約8700億円と比べて、1割近く減少している。2016年度も引き続き1割程度減る見込みだ。さらに4社を合計した2015年度の純利益に至っては、2014年度と比べてほぼ半減。そのうえ2016年度は、三陽商会が大幅赤字を計上したことによって、4社合計の純利益はさらに減少する。

店舗の閉鎖やブランドの撤退も相次いでいる。2015〜2016年度に、大手4社が閉店を決めた店舗数は実に1600以上。ワールド、TSI、三陽商会は希望退職も募っており、その総数は1200人を上回った。

例年売上高が1割ずつ減少し、純利益も急降下する。アパレルを扱う売り場やブランド、そこで働く人々が次々と姿を消しているのだ。

影響は業界内に留まらない。大手アパレル企業と二人三脚で成長してきた百貨店も、主力商品としてきたアパレルの不振によって、構造改革を迫られている。

2016年には、地方や郊外を中心に、百貨店の閉鎖が続いた。訪日外国人の〝爆買い〟特需で覆い隠されていた不振が表面化し、いよいよ不採算店舗を維持できなくなってきたのだ。百貨店業界全体の売上高はマイナス基調が続き、2016年3月以降、12カ月連続で対前年同月比マイナスになっている（2017年3月22日時点）。中でも最大手の三越伊勢丹ホールディングスは、2017年以降も店舗の構造改革を進める方針を示しており、今後も店舗閉鎖や売り場の縮小が続く可能性は高い。

なぜ、「今」なのか

ここで、一つの疑問が湧いてくる。

1990年代前半のバブル崩壊や、2008年のリーマンショック直後ならまだしも、アベノミクスが一定の成果を上げ、マクロ経済が比較的安定している中で、なぜアパレル業界だけが今になって突如、深刻な不振に見舞われているのか。

原因を突き止めたいという思いで取材を進め、『日経ビジネス』2016年10月3日号で特集「買いたい服がない」を掲載した。特集では、生地や糸の生産をする「川上」から、商品を企画するアパレル企業やアパレル商社などの「川中」、そして消費者に洋服を届ける百貨店やショッピングセンター（SC）などの「川下」まで、アパレル産業に携わる幅広い関係者に取材をした。

アパレル産業には、深刻な「分断」がある。分業体制が進みすぎた結果、例えば「川上」で生地を生産している企業は、「川下」の小売店で何が起こっているのか、ほとんど把握していない。逆もまた然りだ。川上から川下まで貫く問題の本質を正しく認識しない限り、解決の糸口を見つけることはできない。

そのすべてを取材して見えてきたのが、業界全体に蔓延する「思考停止」だった。多くの関係者が、過去の成功体験から抜け切れずに目先の利益にとらわれ、年々先細りして競争力を失っていた。

1970年代、日本のアパレル業界は黄金時代を迎えた。この時期には、洋服は作れば作るだけ売れた。日本人デザイナーがパリコレクションなどに華々しくデビューし、社会的な称賛も浴びた。だがこの時に生まれた利益を事業の進化のために再投資することはなく、新たなイノベーションが生まれることはほとんどなかった。業界の歴史に詳しいウィメンズ・エンパワメント・イン・ファッション（ＷＥＦ）の尾原蓉子会長は、この黄金期の１９７０年代を、「失われた10年間でもあった」と位置付ける。

日経ビジネスの特集では、衰退の原因となった古くから続く非効率な業界慣習や、市場変化への対応の遅れについて、一つ一つ取材しながら、アパレル業界の不振の構図を描いた。本書は、その特集記事を大幅に加筆・修正したものだ。

特集掲載後には、驚くほど多くの反響があった。そしてその後も、アパレル業界はより大きく音を立てて崩れていった。

例えば三陽商会は、英バーバリーのライセンス契約が切れた後の業績悪化に歯止めがかからず、２０１６年12月に当時の社長、杉浦昌彦氏が引責辞任することになった。続く２０１７年３月には、三越伊勢丹ホールディングスの社長だった大西洋氏も、退任に追い込まれた。百貨店改革の主導者が退く一つのきっかけとなったのは、地方店や郊外店のリストラを巡る問題だった。

５年後、10年後に振り返った時、アパレル業界の現在の動きは、大きなターニングポイントとなるはずである。そうした問題意識で取材を重ねてきた。

本書では、衰退する従来型のアパレル企業を取り上げる一方で、将来を担うであろう新興企業の取り組みについても、大きく紙幅を割いた。

大手アパレル4社や大手百貨店は売り上げが大きく、携わる関係者も多い。そのため彼らの不振は、一見すれば、アパレル業界そのものの不振のように映るかもしれない。「かつてほど、消費者はファッションに興味がない」「今の若い世代は、スマホやSNS（交流サイト）など、アパレル以外に時間とお金を割いている」——。アパレル産業そのものに未来がないような論調もある。

だが実際には、こうした企業の衰退を尻目に、着々と売り上げを伸ばす新興勢力も登場している。日本のアパレル企業に頼れないと判断した「川上」の縫製工場や生地メーカーの中には、培った技術力の高さを、欧米の高級ブランドに売り込み、成功を収めているところもある。彼らにとって業界不振論はどこ吹く風だ。共通しているのは、従来のアパレル企業の轍（てつ）を踏まぬよう、問題を分析した上で、現実のビジネスに生かしている点だ。

一つの象徴的な存在が、本書の第4章で取り上げている新興セレクトショップ、TOKYO BASE（トウキョウベース）の谷正人CEO（最高経営責任者）だろう。彼は、バブル崩壊の影響で倒産した地方の老舗百貨店の一族で、従来型ビジネスモデルの限界を実感した。その経営手法については是非、本書を読み進めてもらいたいが、同社は201

7年2月、マザーズから東証1部に市場変更し、時価総額は既に三陽商会を上回っている。思考停止に陥らず、アパレル業界の失敗を糧に次のチャンスをつかんだ。

アパレル産業は、死んでいない

本書のタイトルが示すように、アパレル産業を衰退させた〝犯人〟を探すべく取材を重ねた結果を、第1章にまとめた。サプライチェーンをくまなく取材し、「川上」「川中」「川下」のそれぞれで、従来型のアパレル産業に携わる企業が〝内輪の論理〟にとらわれ、目前に迫る現実を受け入れようとしない状況をあぶり出した。

第2章では、戦後のアパレル産業の勃興から黄金期までの歩みをまとめた。なぜアパレル産業に携わる人々の多くが思考停止に陥ったのか。歴史をひもとけば、そこには輝かしい時代があった。戦後の高度経済成長で日本人の消費文化が花開く中、ファッションはその豊かさを象徴する最も分かりやすいアイテムとして、脚光を浴びた。古くは百貨店に並んだ海外ブランドのライセンス既製服に始まり、日本人デザイナーのパリコレデビューやDC（デザイナーズ&キャラクターズ）ブランドブームといったまぶしい黄金期が、アパレル産業に携わる多くの人々を甘やかし、結果的に思考停止に至らせる背景となった。

第3章では、業界の「外」からアパレル産業に参入する新興勢力について取り上げた。彼らは既存のアパレル企業とは全く異なるIT（情報技術）を武器に、年々、その存在感を高めている。

彼らには、過去の輝かしい黄金期も、業界の〝内輪の論理〟もない。それゆえに、既存のルールに縛られることなく、自由な発想で魅力的なサービスを次々と生み出し、軌道に乗せている。アパレルは「新品を買う」ものであるという従来型の価値観さえ軽やかに否定する姿から、学ぶべき点は多い。

第4章では、業界の「中」から既存のルールを壊そうとする新興企業の取り組みを追った。先に触れたトウキョウベースの谷氏に大きな影響を与えたのは、生家である老舗百貨店の破綻である。ほかにも内向き思考を脱し軽々と海を越えたジーンズメーカーや、大量生産と決別したデザイナーズブランドなどを取り上げた。古くからの慣習を知る〝内側〟のプレーヤーであっても、壁は壊せるということを証明する好例だ。

第3章、第4章で紹介する企業の取り組みを追えば、「衰退した」と言われるアパレル産業に芽吹く新たな可能性が見えてくるはずだ。

古い慣習や成功体験にとらわれた従来型の思考。売り上げの減少を恐れ、いつまでも現状維持に固執する経営層。消費者不在の商品企画や事業展開――。

アパレル産業を衰退へ導いた病巣は、何も彼らの業界特有の問題ではない。同じような構図は、ほかの産業にもある。そして、こうした課題を乗り越えようとする挑戦者が登場し、大きなうねりの中で、産業そのものが生まれ変わる様子も、また同じと言えるだろう。

「アパレル産業に未来はないのか」。そう問われれば、迷わず「NO」と答える。業界の不振の構図を把握し、山積する課題を乗り越えれば、そこには確実に、次の成長につながるチャンスがあるからだ。

現在アパレル業界に携わる人々や、これからアパレル業界で働こうとする人々、そして洋服や消費に関心を寄せるすべての人に、そう伝えたいと強く願い、筆を進めてきた。どうか悲観せずに、最後まで読んでもらいたい。

２０１７年４月

杉原淳一　染原睦美

目次

文庫版まえがき……3
はじめに……8

第1章　崩れ去る〝内輪の論理〟……19

PART 1　アパレルの墓場に見た業界の病巣……20
PART 2　中国依存で失ったモノ作りの力……38
PART 3　「売り場の罪」を背負うSCと百貨店……53
PART 4　「洋服好き」だけでは、やっていけない……63
PART 5　そして、勝ち組はいなくなった……74

INTERVIEW
大丸松坂屋百貨店社長　好本達也氏
「我々はゆでガエルだった」……81
高島屋社長　木本 茂氏
「顧客の要求に応えられていなかった」……89

第2章 捨て去れぬ栄光、迫る崩壊

……99
INTERVIEW
ウィメンズ・エンパワメント・イン・ファッション会長　尾原蓉子氏
「変わらなければアパレル業界は滅ぶ」……114
ファーストリテイリング会長兼社長　柳井 正氏
「もう、〝散弾銃商法〟は通用しない」……121

第3章　消費者はもう騙されない……131
PART1　既存勢力が恐れる米国発の破壊者……132
PART2　「買う」から「手放す」までネットで完結……152
PART3　大量生産の逆をいく「カスタマイズ」……184

第4章　僕らは未来を諦めてはいない……195
PART1　国内ブランドだけで世界に挑む……196
PART2　オープン戦略で世界市場を切り拓く……209
PART3　服を売ることだけが商売ではない……220
PART4　「来年にはゴミになる」服を作らない……232

第1章

崩れ去る〝内輪の論理〟

PART 1 アパレルの墓場に見た業界の病巣

「納品、99箱です。確認お願いします」

2017年1月下旬、大阪市西成区にある、体育館ほどの大きさの3階建ての倉庫前に、1台のトラックが到着した。運転手が荷台の扉を開けると、出てきたのは大型段ボール箱の山。出迎えた2人の作業員が慣れた手つきでそれらをプラスチック製の台に積み上げ、フォークリフトで倉庫内部へと運んでいく。荷受けスペースには暖房がなく、作業員の息が白い。最後の段ボール箱が倉庫内に入ったのを見届け、納品数の確認を終えたトラックの運転手は、すぐにその場を後にした。作業が始まってからわずか30分ほどの出来事だった。

運び込まれた段ボール箱の中身は、スカートやシャツ、ジーンズにワンピースなど、大半が衣料品（アパレル）だ。段ボール箱の隙間を縫うようにして歩くと、大手アパレル企業の商品や若者に人気の有名ブランドの洋服が、無造作に積み上げられているのが目に付く。底冷えする倉庫内では、若い作業員が山積みになった段ボール箱を手際よく仕分けている。窓から入るわずかな日の光が、倉庫内に漂うほこりを際立たせ、ブランド名の書かれた段ボール箱が、まるで墓標のように倉庫一面を埋め尽くす。

ここは、アパレルの墓場だ――。

「バッタ屋」が繁盛するワケ

「週に3～4回はこの量が届きますね。商品はアパレル企業や有名ブランドだけでなく、卸売業者や小売店からも買い取っています。つまり、アパレル産業の川上から川下まで、全部が取引先ですわ」。倉庫の持ち主である在庫処分業者「ｓｈｏｉｃｈｉ（ショーイチ）」の山本昌一ＣＥＯ（最高経営責任者）は、威勢のいい関西弁でそう話す。

山本氏のような在庫処分業者は通称「バッタ屋」と呼ばれる。アパレル企業や小売店が持て余した不良在庫を、定価と比べて大幅な安値で買い取り、全国各地の小売店に転売したり、自らインターネット通販に出したりして差益を稼いでいる。

「買い取りの値段は、１点当たり数百円が相場ですね。数百点とかまとまった数があったり、売りやすい有名ブランドだったりしたら、もう少し高くしますけど」（山本氏）

なぜ、こうした商売が成り立つのか。その理由を明かす前に、アパレル産業の概要を説明しておこう。

洋服を作り、それが消費者に届くまでの流れを「サプライチェーン」と呼ぶ。アパレル企業が直接、または商社やOEM（相手先ブランドによる生産）メーカーなどを経由して工場に洋服を作るよう指示し、完成した洋服はアパレル企業が専門店に卸す、もしくは百貨店や直営店などを通じて消費者に販売する、というのが簡単な流れだ。

川上（糸や生地メーカー、縫製工場）から川中（アパレル企業や商社、OEMメーカー）、そして川下（百貨店やショッピングセンター＝SCなどの小売店）へと洋服が移動していく中で、必ず不良在庫が生まれる。工場がアパレル企業の需要を見込んで作った洋服が予想よりも売れずに余ったり、セールで売り切れなかったりした商品が不良在庫となる。

アパレルは生鮮食品と違って腐ることはないが、季節性や流行が重視されるため、在庫として寝かせる時間が長いほど、どんどん売りにくくなっていく。定価で売れなかった商品はまず店舗内でのセール、次に店舗とは別の場所で顧客向けに実施されるファミリーセール、そして各地のアウトレットモールなどと、値段を下げながら場所を変えて販売され続ける。それでも売れ残った商品が、バッタ屋の倉庫に運ばれる。

アパレル産業全体の構図

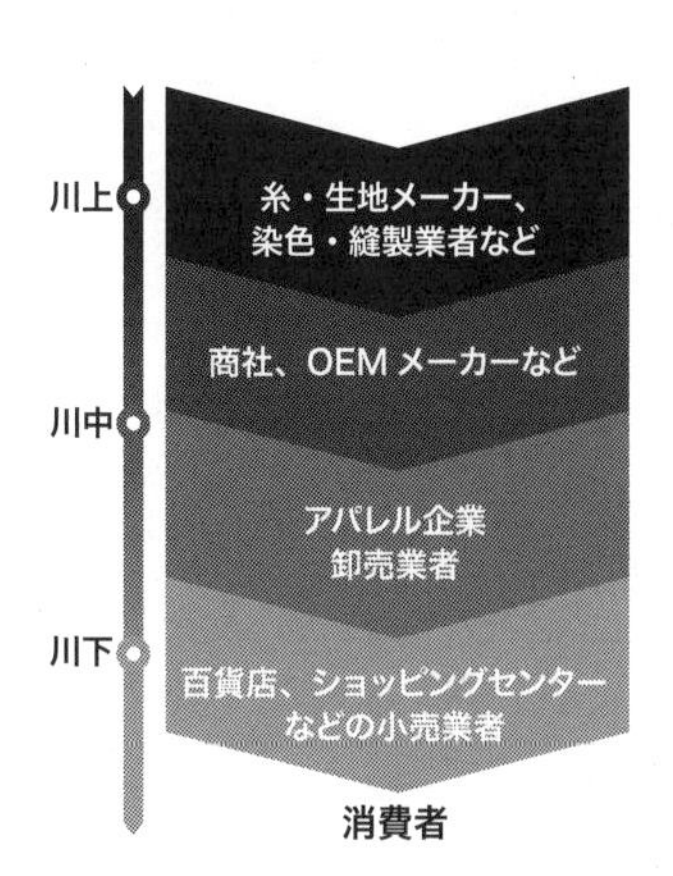

アパレル産業は川上、川中、川下がはっきりと分かれているため、サプライチェーンが一体となって生産効率を高めにくい構図になっている

ここ数年、山本氏に在庫を買い取ってもらっているアパレル業者は「買い取りの値段が安いから、正直なところ在庫処分業者は使いたくない。自社で在庫評価していた金額と、買取価格との差額が損失として確定してしまうので。でも、在庫を保管するだけでコストがかかるし、残しておいたらいずれどこかで売れる、という保証もない。痛し痒しだ」と苦笑いする。

作った商品が見込みほど売れず、不良在庫が発生してセールに回るのはほかの業界でも珍しくはない。ただ、アパレル業界がほかと違うのは、大量の売れ残りを前提に価格を設定し、ムダな商品を作りすぎているという点だ。消費者のニーズを真剣に考えず、数を撃てば当たるとばかりに大量の商品を作る様子は、「散弾銃を色々な方向にふり回しながら撃っているようだ」（ユニクロなどを展開するファーストリテイリングの柳井正会長兼社長）。

我々は「必要悪」なんだ

こうした業界の実態を、経済産業省が２０１６年に公表した「アパレル・サプライチェーン研究会報告書」はデータで裏付ける。報告書によると、国内アパレルの市場規模は１９９１年に約15・３兆円あったが、２０１３年には約10・５兆円に縮小した。ここ数年は訪日外国人による〝爆買い〟特需が底上げしていると見られ、これを除けば既に10兆円割れしている可能性がある。

一方、供給されるアパレルの数量は１９９１年時点で約20億点だったが、２０１４年には約39億点に増えている。つまり、市場規模が３分の２に落ちているのに、市場に出回る商品の数は倍増している、ということだ。

在庫処分業者のショーイチは２００５年に設立された。年商は10億円を超えるという。商売が軌道に乗った理由について山本氏は、「定価販売の邪魔をしないよう、買い取った商品の販路に細心の注意を払っているから」と話す。だが、それ以上に商売が成り立って

アパレルの国内市場規模

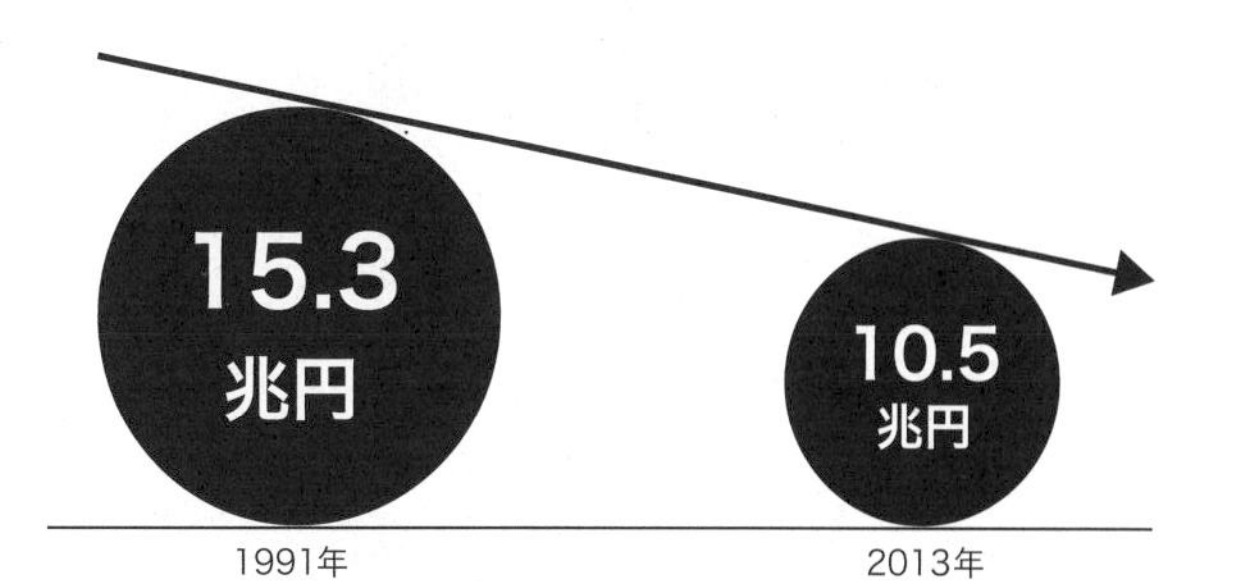

アパレルの市場規模は約20年で3分の2に縮小した。訪日外国人の“爆買い”特需を除くと実態はさらに縮小している可能性が高い
出所：経済産業省「アパレル・サプライチェーン研究会報告書」

アパレルの国内供給量

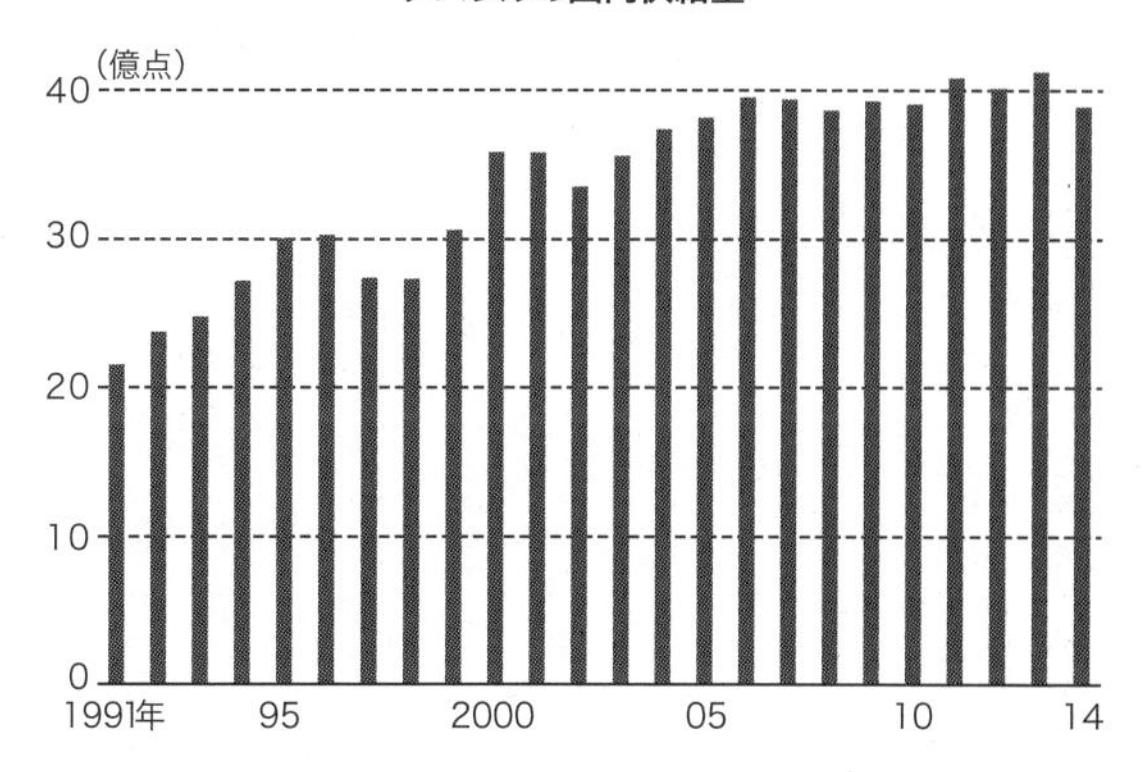

アパレルの国内供給量は1991年と比べて約2倍になっている
出所：経済産業省「アパレル・サプライチェーン研究会報告書」

いる背景には、アパレル業界の構造的な問題があると感じているという。

「必ずムダな在庫を生む仕組みになっている。不良在庫を大量に抱えてしまうと、アパレル企業は新たな商品の生産に入れない。それでも次のシーズンが来れば旬のアイテムを投入する必要がある。常に新商品を作らざるを得ないから、古くなった在庫を引き取る僕たちが『必要悪』として存在している。数年前にアパレル各社の業績が悪くなった時に滞留した在庫が今、流れてきている。最近でもブランドの終了や閉店が相次いでいるから、また大量の商品が入ってくるだろう」（山本氏）

麻薬のような大量生産モデル

アパレル業界はなぜ大量の「ムダな」商品を作るようになったのか。きっかけは1990年代、バブルが崩壊して景気が悪化し、それまでDC（デザイナーズ&キャラクターズ）ブームに沸いていたアパレル市場が、一気に冷え込んだことが最大の転機だった。

それまでは、どんなに高い値段を付けても、消費者はブランド名にひき付けられ、店の前に長蛇の列を作って洋服を買いに来た。しかしそんな黄金時代は終わり、消費者の財布のひもは急に固くなった。

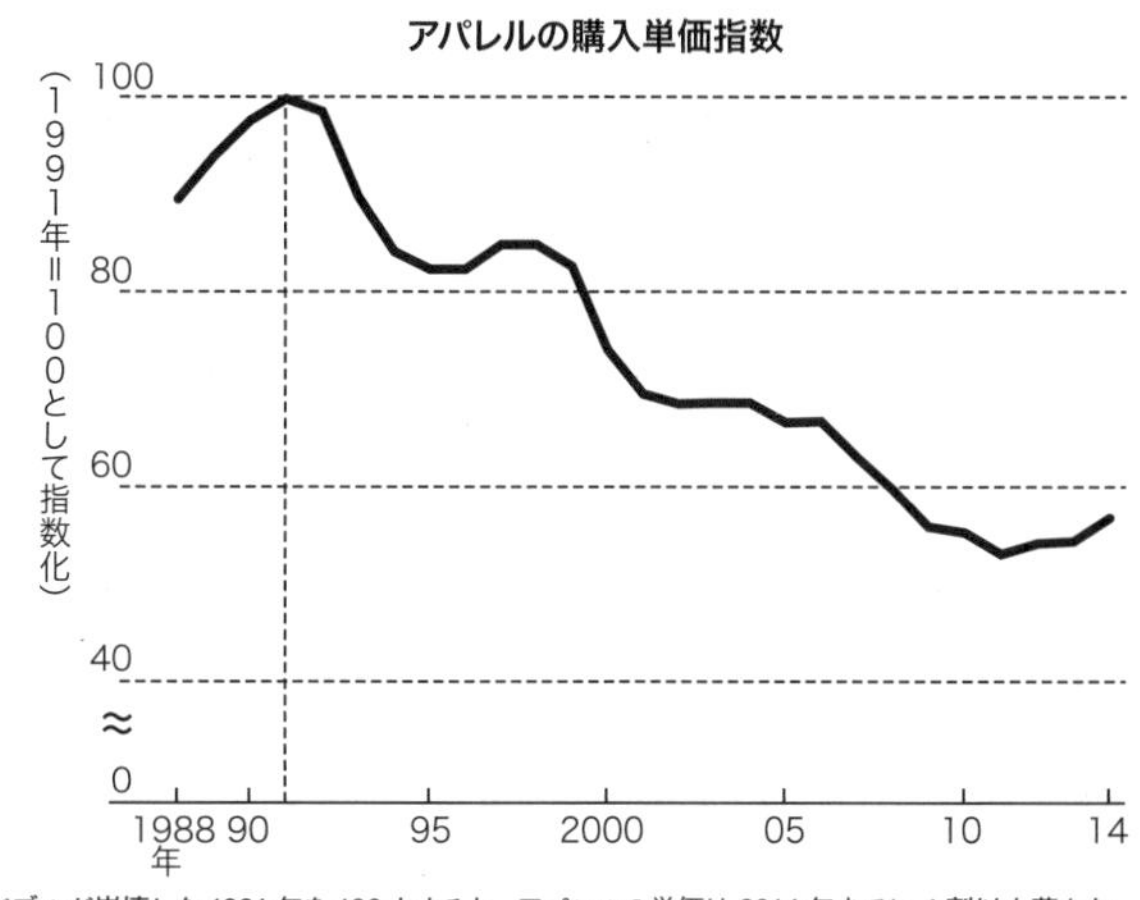

バブルが崩壊した1991年を100とすると、アパレルの単価は2014年までに４割以上落ちた
出所：経済産業省「アパレル・サプライチェーン研究会報告書」

当然、百貨店やそこを主な販路とする大手アパレル企業は苦戦する。そんな中、彼らが目の当たりにしたのが、ファーストリテイリングが展開するユニクロや、日本に上陸した欧米ファストファッションの成功だった。

ユニクロや欧米ファストファッションは、アパレル産業の川上から川下までの情報を正確に把握し、サプライチェーン全体を合理的に管理している。消費の変化に応じていち早く工場や売り場に指示を出せるのが大きな強みだ。中国での大量生産や積極的な出店攻勢で注目を集めていたが、強さの本質はサプライチェーンのすべてを把握している点にある。だがそれに気付かなかった既存の大手アパレル企業は、製造拠点を中国に移すだけで、ユニクロや欧米ファストファッションと同じように人件費を安く抑えられ、大量生産によるスケールメリットによって製造コストを下げられると考えた。そして安易に中国生産に舵を切った。つまりは表面的に「ユニクロのようなビジネス」をまねようとしたのだ。

１９９０年代を起点として、アパレル業界に「商品単価の大幅な下落」という大きな変化が起きた。１９９１年を１００とした場合の購入単価指数は、２０１４年には60程度まで落ち込んでいる。

中国で大量に作り、スケールメリットによって単価を下げる。代わりに大量の商品を百貨店や駅ビル、ＳＣやアウトレットモールなど、様々な場所に供給することで何とか商売を成り立たせる。需要に関係なく、単価を下げるためだけに大量生産し、売り場に商品をばらまくビジネスモデルは、極めて非合理的だが、麻薬のように、一度手を染めると簡単にはやめられないものだった。ムダを承知で大量の商品を供給しさえすれば、目先の売り上げが作れるからだ。

当然、その結果として大量の不良在庫が発生する。不良在庫を引き受けるバッタ屋が活躍する舞台が整い、アパレル企業は次の売り上げ目標に向けて、また新たな商品を大量生産することを繰り返すようになった。

そして消費者のニーズに目を向けず、〝内輪の論理〟に基づいて商品を大量に供給する「負のサプライチェーン」が形成されたというわけだ。

持続可能なビジネスモデルでないことは誰の目にも明らかだろう。しかし、業界の中では誰もが目先の売り上げ目標に追われ、自分たちのビジネスがどれほど深刻な問題をはらんでいるかを真剣に考えていなかった。

案の定、崩壊を迎える。2014年頃のことだ。

ワールドが象徴した一時代の終焉

最初につまずいたのはかつて勝ち組の代表格と言われていた大手アパレル企業のワールドだ。同社はSCやファッションビルなど、販路に合わせて細分化したブランドを次々と立ち上げ、大量に商品を供給する戦略で国内大手にのし上がった。

だが、その戦略が裏目に出て、業績が急激に悪化したのだ。創業家一族の出身で、同社を急成長させた立役者でもあった社長の寺井秀藏氏が2015年に会長に退いた。

後任は、銀行出身で総合スーパーの長崎屋社長やぐるなび副社長を歴任し、2014年からワールドの常務執行役員最高執行責任者（COO）を務めていた上山健二氏だ。同社の社長交代は実に18年ぶりで、創業家以外が初めてトップに就く事態と併せて、一つの時代の終わりと、これまでのビジネスモデルが崩壊したことを内外に印象付けた。

インターネットやSNS（交流サイト）などの普及は、消費者に一般的なアパレルの原価構造を知らしめた。アパレル企業の都合で消費者の求めていない大量の商品が生産され、その過程で生まれた多様なコストが「定価」に含まれることが白日の下にさらされたのだ。アパレル企業の〝内輪の論理〟に消費者が気付いてしまうと、そこからは早かった。

大量生産、大量出店というかつての勝ちパターンで、売り上げの減少を補いきれなくなったアパレル各社は、中国生産のコスト上昇を受け、その業績は悪化の一途をたどった。ワールドだけでなく、オンワードホールディングス、TSIホールディングス、三陽商会の大手アパレル4社の2015年度の合計売上高は、1年前と比べて約1割減の約8000億円となった。純利益はほぼ半減の約90億円だ。

ここでアパレル各社が取り組んだのはリストラだった。まず着手したのが、大量生産の過程で大幅に増えたブランドの削減だ。リストラが本格化した2015年度から、大手アパレル4社が閉店、もしくは閉店を決めた店舗数は1600以上に上る。ワールド、TSI、三陽商会はそれぞれ250〜5000人規模の希望退職を募集し、その総数は1200人を超えた。

「栄光の旗艦店」「業界名物男」もサヨウナラ

リストラの対象は、通常の店舗や人員だけでなく、拡大戦略を象徴していた不動産物件にも及んだ。２０１５年11月、ワールドは神戸市中央区のファッションビル「神戸メディテラス」を約33億円でパルコに売却した。

神戸発祥のワールドは２００５年、自社の複数ブランドを扱う旗艦店として、神戸メディテラスを立ち上げた。同社は２００６年度に売上高３０００億円を突破。南欧の古びた街並みをイメージした特徴的な外観のビルは、同社の隆盛を表すだけでなく、観光名所としても親しまれた。それが、わずか10年後には不採算の象徴となり、リストラの対象となったのだ。

オンワードも２０１６年８月末、東京・中央区の銀座３丁目にある更地を売却した。同社が保有していたこの一等地は約３００平方メートルほどで、自社ブランドの路面店などが建設されると見られていた。しかし、同社は更地のまま、この土地を手放すことになった。

リストラは経営陣の人事にも及んだ。

「あの会社で、一体何が起きているんだ」――。

2016年7月、TSIが発表した子会社のトップ人事が業界に衝撃を与えた。傘下の新興セレクトショップ「ナノ・ユニバース」の創業者、藤田浩之氏が同社社長を退く内容だったからだ。ナノ・ユニバースは若者を中心に人気を集め、低迷するアパレル業界の中で着実な成長を続けてきた有望株だった。藤田氏はこのナノ・ユニバースを立ち上げ、逆風下でも成長させた手腕から「名物男」として業界に広く知られていた。

だが、ナノ・ユニバースの2016年2月期の売上高が前の期比6・3%減の228億円となり、続く2017年2月期の第1四半期も減収に歯止めをかけられなかった。TSIの齋藤匡司社長は「出店戦略の効率化など改革が必要だった」と語り、創業者の藤田氏を解任して親会社がテコ入れに乗り出した。

藤田氏の社長退任を通じ、業界の苦境の深刻さを思い知らされたアパレル関係者は少なくない。

動き出す投資ファンド

業界総崩れの状況を見て動き始めたのが、国内外の投資ファンドだ。

２０１５年、若い女性に人気のブランドを扱うマークスタイラーが中国政府系の巨大ファンドＣＩＴＩＣキャピタル・パートナーズの傘下に入り、２０１６年には老舗アパレル企業のイトキンが国内ファンド、インテグラルの出資を仰いだ。ＣＩＴＩＣ日本法人の幹部は「マークスタイラーはモデルケース。日本のアパレル企業には強い関心を持っており、今後も投資先を探っていく」と話す。

「投資ファンドによるアパレル会社の買収や再編が相次ぐのでは」という憶測は、相変わらず業界の内外で飛び交っている。それは、かつてないリストラを実施しているにもかかわらず、アパレル各社の業績がいまだ反転攻勢とはほど遠い状況にあるからだ。

アパレル業界の崩壊は、百貨店にも波及している。

百貨店業界は売り上げの3割程度をアパレルに依存しており、その割合はほかの商品群と比べて圧倒的に高い。そのため、ここ数年の〝爆買い〟特需で覆い隠されていたアパレルの売り上げ不振が表面化し、不採算店舗を維持できなくなり、閉店が続いている。

セブン＆アイ・ホールディングス傘下のそごう・西武は、２０１６年9月末にそごう柏店（千葉県柏市）と西武旭川店（北海道旭川市）を閉め、２０１７年2月には西武筑波店（茨城県つくば市）など2店を追加で閉めた。業界最大手の三越伊勢丹ホールディングスも三越千葉店（千葉市）など2店を２０１７年3月に閉店した。アパレル各社が膨張したブランドを一気に整理したため商品の生産量が激減し、地方や郊外の百貨店に商品が回らなくなったことも大きく影響している。大手アパレル企業の元首脳は「今後もドミノ倒しのように、百貨店各社が不採算店を相次ぎ閉鎖していくだろう」と予測する。

SPA、ファストファッションにも及ぶ影響

アパレル業界で始まった地殻変動は、これまで勝ち組と言われたSPA（製造小売業）も揺さぶっている。

ユニクロに代表されるSPAの強みは、自社が中心となって、川上から川下までサプライチェーン全体をコントロールしている点だ。「店頭で今何が売れているのか」「この商品の生産はどの工場に任せたらいいのか」といった情報を集約しているので、サプライチェーンを構成する各社に対し、販売状況の変化に合わせて柔軟に指示を出すことができる。その結果、商品を大量に作る一方でムダを抑えられ、大手アパレル企業よりも価格を大幅に下げ、消費者の支持を集めてきた。

ところが、ユニクロの2016年8月期の国内既存店の客数は前の期と比べて4・6％減り、売上高は同0・9％増とわずかな増収に留まった。2016年9月〜2017年2

月の半年間を見ても、売上高、客数ともに前年からほぼ横ばいだ。

海外のＳＰＡも苦戦が目立つ。米ＧＡＰ（ギャップ）は、最盛期に日本で50店舗以上を展開していたカジュアルブランド「オールドネイビー」を順次閉店し、２０１７年１月までに撤退した。また、スウェーデン発のファストファッション、Ｈ＆Ｍ（ヘネス・アンド・マウリッツ）が展開している女性向けブランド「モンキ」も、２０１６年夏に日本から姿を消した。

「アパレル業界は集団自殺している」

アパレル業界が手を染めた大量生産、大量出店というビジネスモデルは、業界のあらゆるプレーヤーを不振に追い込んだ。

かつてワールドで総合企画部長などを務めたコンサルタントの北村禎宏氏はこう話す。

「まずは川上から川下まで、業界全体として不振の現状と原因を正しく認識し、その上で、連携して対応する必要がある。アパレル産業には糸や生地メーカーから商社、ＯＥＭメーカー、小売店まで様々な企業が関係しているが、階層ごとに断絶されていて連携が進まない。将来像を全体で共有しないまま、各プレーヤーが好き勝手に振る舞い続けていては、業界が集団自殺しているのと同じだ」

不振を受けた場当たり的な対策は、商品の技術力や企画力の低下も招いた。安く大量に生産できるからという理由で、優れた技術を持つ国内の産地や工場を置き去りにし、中国への工場移転を進め、高い技術力のある国内の縫製職人は仕事を失った。

本来なら「こんな商品を作ってほしい」と具体的な指示を出す相手だったはずの商社やOEMメーカーに「何でもいいから、売れ筋商品を持ってきてくれ」と頼み続けるうちに、自ら売れ筋を生み出す力を失っていった。

百貨店や売り場を拡大し続けるSCに付き合って作った無数のブランドは、「呼び名としての意味しかないもの」（アパレル業界の歴史に詳しいウィメンズ・エンパワメント・イン・ファッション＝WEFの尾原蓉子会長）になってしまった。

「買いたい服がない」――。

結果、消費者はこう思うようになった。百貨店やSCに並ぶのは、似たようなデザインの服ばかり。しかも、長いデフレを経験した後、「おしゃれ」「かわいい」といったブランドイメージだけでは財布のひもは緩まない。消費者が洋服を買いたいと思わなくなったのは、商品を供給するアパレル業界の自業自得と言っていい。

これからアパレル業界が不振に陥った原因を詳細に見ていく。問題を直視することが、新たな一歩を踏み出すために不可欠だと考えるからだ。
まずは生産の現場から見ていこう。

PART 2 中国依存で失ったモノ作りの力

「そろそろ潮時なのかもしれないな」

中国・上海の近郊で、日本向け衣料品（アパレル）の縫製工場を経営する加島康太さん（仮名）は力なくつぶやいた。加島さんの目下の悩みは「商売をやめて日本に戻るかどうか」だ。

２００１年に中国に来て、15年以上が経った。中国人の妻が手掛ける別の仕事も順調で、生活の基盤は中国に置いている。それでも帰国が頭をよぎるのは、縫製工場を取り巻く環境が急速に厳しくなっているためだ。

加島さんの工場の最盛期は２００６年頃だったという。当時、約２５０人が働いていたが、今では１００人以下。中国経済の成長に伴って人件費が右肩上がりとなり、縫製よりも条件の良い精密機械や電子部品の工場に人手を奪われるようになったからだ。

上海市の最低賃金は２００６年に月７５０元（約1万１２５０円、1元＝15円換算）だったが、２０１６年には月２１９０元（約３万２８５０円）と３倍近く上昇した。加島さんの縫製工場も状況は同じで、２００６年頃は月２０００元（約３万円）だった従業員の平均賃金が、２０１６年には月４５００元（約６万７５００円）近くにまで上がっているという。

日本のアパレルは97％が海外製

経済産業省の「アパレル・サプライチェーン研究会報告書」によると、日本市場で流通するアパレルのうち輸入品の割合は２０１４年時点で97％に達する。１９９０年時点では50％程度だったことからも、デフレによる「失われた20年」と並行して、急激に海外シフトが進んだことが分かる。

１９９０年代から２０００年代にかけて世界最大級の縫製拠点に成長した中国は、特に地理的に近い日本のアパレル産業を支えてきた。

日本繊維輸入組合によるアパレルの輸入国別シェア（２０１５年）を見ると、中国（68％）が首位で、２位のベトナム（10・５％）、３位のインドネシア（３・３％）を引き離している。

中国生産のメリットは、まず日本に比べて人件費が安いことだ。それだけでなく、生地や糸、ボタンなど洋服作りに不可欠な素材の産地でもあるため、中国内だけで洋服を作る作業を完結できる。上海や大連に代表される巨大な港湾が整備され、日本の売り場まで1週間とかからずに商品を届けられる点も大きなメリットだ。これまで日本向けアパレルの縫製を大量にこなしてきたため、従業員の質も高い。

もう一つは代替国がないという事情だという。加島さんは、人件費の安い国への工場移転を考え、ラオスやバングラデシュの製造現場を視察したことがある。だがその時点での移転は難しかった。

確かに従業員の賃金は中国に比べて安い。ラオスの縫製工場の賃金は月140ドル（約1万5400円、1ドル＝110円換算）程度と、上海近郊の約5分の1だ。それでも踏み出せなかったのは、インフラや物流、完成した商品の品質などに不安があったからだ。

加島さんによると、中国なら5日ほどで日本に商品が届くが、東南アジア諸国連合（ASEAN）では航路の関係もあって2週間ほどかかる国もある。それでは、季節性の高い洋服の場合、売り時を逃してしまう。

また、中国に比べて従業員の技術が低いことも多く、厳しい日本の品質基準では不良品として弾かれる商品が多く発生する可能性が高い。その上、電気や水道など、工場に必須

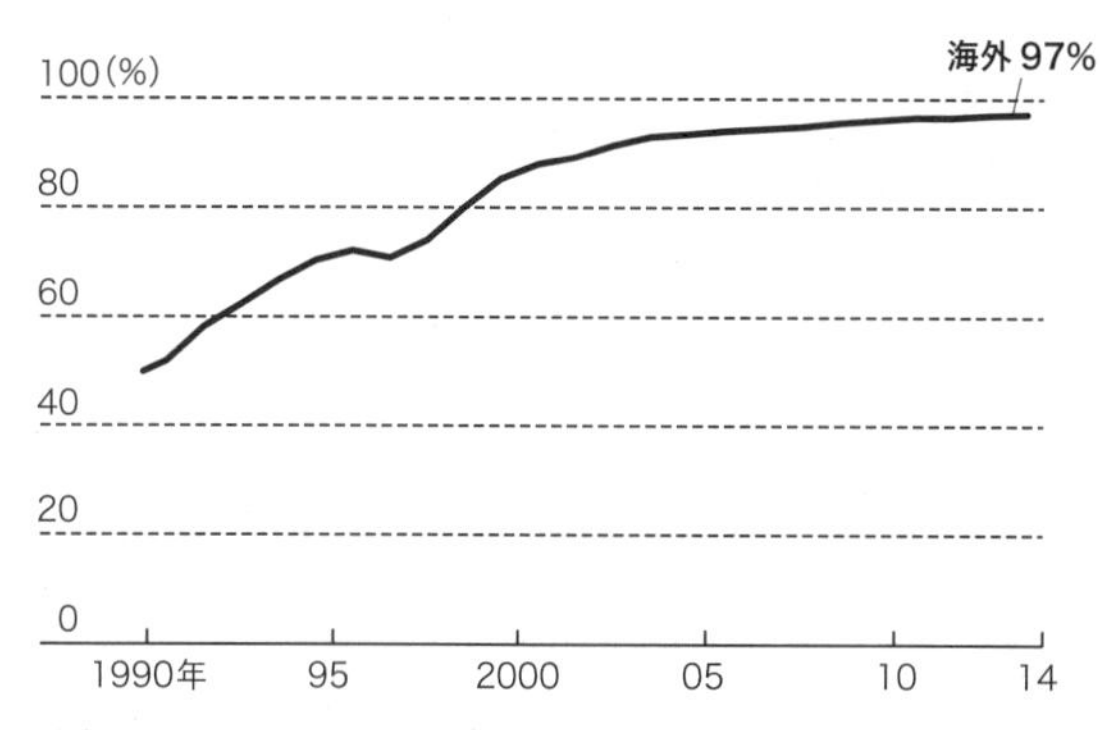

アパレル企業が中国への生産移転を進めた結果、今では国内に流通するアパレルの実に97%が輸入品だ
出所：経済産業省「アパレル・サプライチェーン研究会報告書」

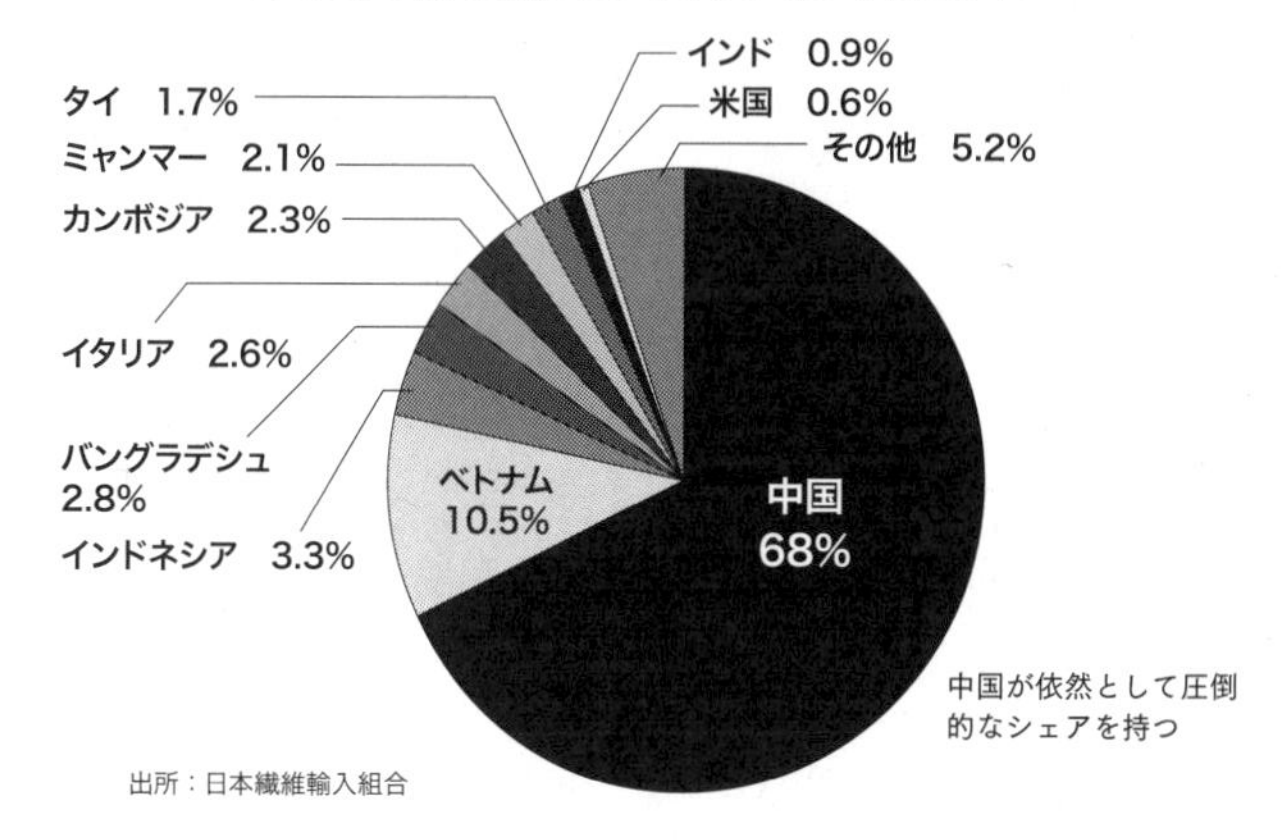

中国が依然として圧倒的なシェアを持つ

出所：日本繊維輸入組合

のインフラの整備も不完全で、停電や渇水などで生産ラインがストップするリスクもある。

中国の代替生産地として有望視されていたバングラデシュでは事故や事件が相次いだ。2013年には縫製工場の建物が崩壊し、多くの死傷者が出る大惨事となった。2016年夏には、大規模なテロ事件も発生した。こういった状況を受け、バングラデシュで生産委託を広げるのは厳しい状況だと判断したという。

「ASEANは人件費の面だけで見れば確かに安いが、トータルの生産性を考えると移転することが正解なのかは分からない」と加島さんは話す。

中国への一極集中が招いた値上げ

こういった現実がある一方、アパレル生産の「中国一極集中」は限界に近いという認識が業界関係者の間で強くなっている。

経済成長に合わせて労働者の賃金が上がり、生産コストが上昇している。さらに関係者の頭を悩ませているのが為替だ。

ここ数年、日本のアパレル企業の多くが商品の値上げに動かざるを得なかったのは、人件費の上昇と円安など為替の影響が絡み合った、複合的な要因によるものだった。ユニクロが2014年頃から段階的な値上げに踏み切ったことが象徴的な事例だ。

　この商品の値上げが消費者の洋服離れに拍車をかけ、アパレル各社の業績を圧迫した。「日本企業から生産を請け負った中国の工場は、人件費を圧縮するために二次下請けに仕事を回すようになっている。日本企業が支払うコストそのものはこれまでと変わらなくても、製品の質は悪化した」と、現地事業に詳しいOEM（相手先ブランドによる生産）メーカーの幹部は指摘する。

　中長期的に見ると、中国の経済成長と人件費の増加は避けられない。中国に頼り切った生産体制をリスクと認識する企業は確実に増えている。日本の商社やOEMメーカーは、中国に軸足を置きつつ、より人件費の安いASEANなどの国々に製造拠点を広げる「チャイナプラスワン」の動きを活発化させている。

　一時は生産の約9割を中国工場で行っていたユニクロも例外ではない。ファーストリテイリングの柳井正会長兼社長は「中国を中心に、カンボジアやバングラデシュ、インドネシアなどに生産を広げている。欧米のアパレル企業も含め、世界中からいい工場といい経営者を探し出し、質の高いサプライチェーンを作る競争になっている」と語る。

　中国の生産比率を一気に下げた工場も既にある。岐阜県のOEMメーカーの小島衣料は、2010年まで生産の100％を中国に頼っていた。しかし、2016年時点の中国生産比率は3割程度しかない。バングラデシュとミャンマーに工場を移転し、中国工場の依存度を意図的に低めたのだ。

同社の石黒崇代表は中国からの生産移転に踏み切った理由について、こう話す。

「確かにインフラや物流まで含めたトータルのコストで考えると、現時点ではASEANで作っても、中国で作るほど安くはならない。それでも、これから10年、20年先を考えると、ASEANの生産能力は拡大する。一方で人件費の高騰などが続けば、中国生産には必ず限界が来る。周囲のOEMメーカーも先回りして、中国以外での生産体制を構築している」

コスト削減目的の海外生産は岐路に

日本企業が海外で生産し、製品を日本や諸外国で販売する動きは自動車や半導体なども同じだ。この時、製造現場と消費地が近いことが、工場の海外移転のメリットの一つとなる。

しかし洋服の場合、製品の最終消費地のほとんどが日本国内だ。多くの国内アパレル企業は、海外を消費市場とはとらえていない。海外進出は、人件費の安い国で生産し、コストを削減するという目的しかないのだ。

今後アジア各国で経済成長が続き、所得が上がっていけば、中国と同じように人件費も高くなる。その時、さらに人件費の安い国を探し、例えばインドやアフリカに工場移転するとしても、今度は地理的に日本から遠いため、海上輸送のコストがかさんでしまう。

ユニクロや欧米のファストファッション企業のように、自らサプライチェーン全体をコントロールするノウハウを持ち、世界各国で商品を売るビジネスモデルなら、インドやアフリカなど、日本から遠い新興各国で生産する意味はある。しかし、多くの国内アパレル企業には、残念ながらそういったノウハウはない。

安価な労働力を供給する中国での大量生産に依存したビジネスモデルは、岐路に立たされている。

OEMがもたらした同質化

洋服の海外生産は、国内アパレル企業にコスト削減というメリットをもたらしたが、一方でデメリットももたらした。国内の洋服に関係するモノ作りの基盤が失われてしまったのだ。

「この3点、違うブランド名のタグが付いているけれど、それ以外はどれも全く同じじゃないか」

2016年、ある大手アパレル企業の取締役会でこんな一幕があった。一人の社外取締役が会議の場に持ち込んだ3点の服は、同社傘下の別ブランドの商品だったが、違いはブランド名が書かれたタグだけ。ほかの取締役たちは、指摘されても苦笑いを浮かべるしかなかった。

なぜこんなことが起きるようになったのか。一言で言えば、OEMの弊害だ。OEM自体は昔から一般的だったが、アパレル企業が「売れ筋を、安く、速く」作ろうとするあまり、いつしか商品企画やコンセプトまで外部に丸投げするようになった。

もちろん、商社やOEMメーカーが悪いわけではない。アパレル企業が手間を惜しみ、何も考えないまま発注することが問題なのだ。商社やOEMメーカーは複数のアパレル企業から仕事を受ける。商品を供給するブランドはどんどん増えるが、多くはその時の売れ筋を求めるため、必然的にどのブランドの商品もさして変わらないという同質化が起こる。

その結果、「アパレル企業の実態は、商社やOEMメーカーが提案する完成品を選ぶだけ、という疑似セレクトショップになってしまった」(アパレル業界に詳しいコンサルタントの北村禎宏氏)。

「作る」はずが売れ筋を「追う」ように

従来、アパレル企業は大まかに言うと一年間を春夏と秋冬の2回、もしくは春夏秋冬の4回に分け、3〜6カ月単位で商品を企画していた。ただ、これでは予想外のヒット商品が出た場合に、追加生産に対応しきれず欠品となってしまう。

これに対し、一年間を52週間に分け、店頭での売れ行きなどを基に、週ごとに商品企画や販売計画を立てるやり方が「52週MD（マーチャンダイジング＝商品政策）」だ。主にSPA（製造小売業）が取り入れてきた手法で、すぐに海外工場に追加発注して売り時を逃さないようにできるメリットがある。SPAの躍進を見たアパレル企業の多くが、この手法を採用した。

しかし、「今売れている商品を、すぐに作って売り場に届ける」という目的に固執するあまり、本来は「売れ筋を作る」はずのアパレル企業が、「売れ筋を追いかける」という本末転倒な構図に陥った。

「ファストファッションが登場した際に、『あんなものは服ではない』と言っていた既存のアパレル企業が、その仕組みを表面的にまねした」と大手アパレル企業の元幹部は自嘲気味に話す。

米GAP（ギャップ）やユニクロなどSPAの競争力の源泉は、製造から販売まで一気通貫のサプライチェーンにある。といっても、ユニクロは中国に自社工場を持っているわけではない。本質的な強みは、「中国のどの経営者が、どんな工場を経営しているのか」といった情報を常に収集することで、どこの誰に、どんな仕事を発注すればいいのか知っていることにある。

その仕組みを持たない既存のアパレル企業がまねるには、商社などOEMを手掛ける現地情報に詳しい会社に発注するのが手っ取り早かった。

そして「ブランドのタグだけ違う、全く同じデザインの服」が作られるようになった。

「日本で買えるものは全部、中国にある」

OEM依存への危機感から、いち早く対策に動いた企業もある。

茨城県水戸市の紳士服小売業としてスタートし、現在は「ローリーズファーム」や「グローバルワーク」などのブランドを持つアダストリアだ。同社は1990年頃からOEMやODM（相手先ブランドによる設計・生産）を活用し、カジュアルファッションチェーンとして一気に成長した。

そんな同社に転機が訪れたのは、2009年頃のことだ。福田三千男会長兼CEO（最高経営責任者）を訪ねてきたある中国人が、日本のアパレル店舗を回った後で、ぼそっと言った。「日本で買えるものは全部、中国にある。どれも一緒だよ」

福田氏はショックを受けた。「あの頃、日本企業のクオリティーは少なくとも中国よりは高いと思っていた」（福田氏）。同時期に言われた自動車メーカー幹部の言葉も胸に突き刺さった。「自社でモノ作りをしていないのに、どうやってお客さんに『自社ブランド』を売るのか」。

同質化から脱却するにはモノ作りしかない――。

福田氏は2010年に「チェンジ宣言」と銘打った改革を始める。生産ノウハウを持ったOEMメーカーを自社に丸ごと取り込み、本格的なSPAモデルへの転換を図った。

この結果、売上高は2016年2月期に2000億円を突破。2011年2月期以降、下降傾向にあったのれん償却前連結営業利益も2015年には回復し、2016年2月期には実質的に過去最高益の182億円を計上した。

「昔のように上っ面だけのブランドは通用しない。それをやっていたらお客さんに鼻で笑われて終わりだ」（福田氏）

「モンクレール」が起用する福井の中小企業

アパレル各社がOEMへの依存を深め、優れた技術を持つ国内の工場は見捨てられた。イッセイミヤケ社長や松屋の常務執行役員などを歴任し、クールジャパン機構の社長を務める太田伸之氏は「国内の産地と向き合わなければ、日本のアパレル産業に未来はない」と指摘する。

JR福井駅からクルマで約20分。市街の中心地を抜けて、郊外に差し掛かった場所に第一織物の本社がある。同社の主力商品は超高密度の合繊織物だ。東京から4時間以上かかるこの場所に、欧米の高級ブランドの関係者が足しげく通う。高級ダウンジャケットで知られる伊モンクレールも同社の顧客リストに名を連ねる。

本社に隣接する工場を覗くと、何十台もの自動織機が激しく音を立てて生地を織っていた。作っているのは、ポリエステル製の高密度織物だ。「うちの生地は7割が海外に出ていく。本当は国内のアパレル企業に買ってもらいたいのだが」と吉岡隆治社長は嘆く。

かつて福井は繊維の一大産地として栄えた。しかし、中国との価格競争が激化して空洞化が進み、現在は「大手商社の支店もない」（吉岡氏）。

第一織物もかつてはヨットやパラグライダー用の合繊織物などを手掛けていたが、中国と価格で競うことは無謀だと感じ、模倣品が作られにくい〝感性〟を武器にした商品を作ろうと戦略を切り替えた。

最近のヒット商品は、１００％ポリエステル製なのに、麻のような手触りと質感を持つ生地や、綿にしか見えない生地だ。品質は高いが価格も高いために、国内の大手アパレル企業は、同社の生地を使おうとはしなかった。

「日本のアパレル企業はほとんど中国で縫製しているから、うちの生地を使うとなると、いったん中国に送って完成品を再び輸入する格好になる。その分のコストがかかるので日本のアパレル企業からは敬遠されてきた」と吉岡氏は話す。結局、世界中を探しても類似品がない第一織物の生地の価値を認めたのは、海外の高級ブランドだった。

「昔は国内のアパレル企業やデザイナーが、意見交換するためにわざわざ福井までよく来てくれた。『こんな生地が欲しい』『こんな生地が作れる』と議論して、我々も勉強になったのだが」と吉岡氏は当時を振り返る。世界トップレベルの素材を持ちながら、それを商品力につなげられないことが国内アパレル企業の大きな問題だ。

大手アパレル企業がモノ作りの精神を捨てて追い求めた大量生産・大量供給。それに、消費者は「ＮＯ」を突きつけている。各社が大量生産に舵を切った背景には、ひたすら膨張を続けてきた国内の小売業にも原因がある。次はそれを見ていこう。

PART 3

「売り場の罪」を背負うＳＣと百貨店

過去10年以上にわたって売り場面積を急速に増やしてきたショッピングセンター（ＳＣ）や、各ブランドが顧客を奪い合うことになるのを承知で大量の衣料品（アパレル）企業を誘致してきた百貨店。アパレルの不振を分析するには、ＳＣと百貨店の「売り場の罪」についても知る必要がある。

10年間で2割増えたＳＣ

「あるデベロッパーが運営するＳＣへの出店を検討していたが、この会社は『最低出店数』を設定している。その会社の運営するＳＣに出店したければ、1つのＳＣだけではなく、複数のＳＣに一定数以上の店を出さなければならない。いきなり店舗数を増やしたくはないので、そこが運営するＳＣへの出店は見送った」

中堅アパレル企業の首脳がこう明かすように、デベロッパーはこれまで、増えるＳＣのテナントを埋めるため、アパレル企業に大量の出店を求めてきた。アパレル企業としても出店が増えた分だけ売り上げの増加が見込める。こうした契約を受け入れ、ＳＣ展開に踏み込んでいったところは少なくない。在庫管理やブランド力低下などの問題があっても、目先の売り上げが確保できるＳＣの誘いに抗えなかったのだ。

大型店の出店を規制していた大規模小売店舗法が２０００年に廃止され、郊外を中心に何万平方メートルもの売り場面積を持つ大型ＳＣが日本各地に急速に広がった。日本ショッピングセンター協会によると、２００５年時点で全国の総ＳＣ数は２７０４、入居するテナント数は12万６４２７店だった。それが２０１５年にはＳＣ数が３１９５、テナント数は15万９１３１店に増えている。

アパレルの市場規模は過去20年間で縮小してきたが、ＳＣの数は２００５年から２０１５年までの10年間で2割程度、増えたことになる。

「特に大量のテナントを必要とする大型ＳＣが増え続けたことで、アパレル企業がその動きに引っ張られた」とアパレル業界に詳しいドイツ証券の風早隆弘シニアアナリストは指摘する。

ＳＣが増え、競争が激しくなるほど、近隣ＳＣとの差別化が必要となり、アパレル企業

国内ショッピングセンター（SC）の推移

	総SC数	総テナント数(SC)	総店舗面積（平方メートル）
2015年	3195	15万9131	5077万809
2010年	3050	14万9420	4417万9274
2005年	2704	12万6427	3462万6441

デフレが続く経済環境でもSCは規模を拡大してきた。総店舗面積は2005年からの10年間で約1.5倍に増えている
出所：日本ショッピングセンター協会

に対して「ほかにはないブランドを出してほしい」という要望が強まる。これを受け、アパレル企業は次第に「わずかに商品構成や名前が違う」だけのブランドを乱発していった。

ブランドを新たに立ち上げることは、さほど難しくはなかった。OEM（相手先ブランドによる生産）メーカーや商社に発注して中国で大量生産すれば、すぐに一定の水準の商品を揃えることができたからだ。

顧客の「食い合い」も見て見ぬふり

アパレル企業がSCへの出店を拡大した背景にはもう一つ、こんな本音もあった。

「色々な場所に店を出してきたのは、拠点を守りたいという狙いがあった。『競合他社のブランドが先に店を出す』と聞いたら、『うちも負けずに出さなければ』と考えていた」と大手アパレル企業の首脳は語る。

その結果、狭いエリア内に自社系列の店舗が林立し、顧客を食い合って1店舗当たりの売り上げは落ちた。それでも、グループ全体で増収が確保できていた間は見て見ぬふりを続けてきたのだ。

一時は飛ぶ鳥を落とす勢いだった大手アパレル企業のワールドが苦境に陥った一因として、「ブランド数の膨張と、SCでの安易な店舗拡大」を指摘する業界関係者は多い。ワールドのSCブランドは、同じくSCに出店するユニクロや欧米のファストファッションなどと競合した。だが相対的に価格が高く、独自性の乏しいブランドを大量に並べても、ユニクロなどと互角に戦うことはできなかった。SCの膨張は、そこに商品を供給するアパレル企業の大量生産に拍車をかけ、急激な商品の同質化を招いてアパレル不振の一因となった。

この「売り場の罪」を背負うのはSCだけではない。高度経済成長期以降、アパレル企業と二人三脚で歩んできた百貨店も同罪だ。

「消化仕入れ」が示す、百貨店のノーリスク経営

百貨店の店舗数はSCのように増えてきたわけではない。だが売り上げ拡大を狙って、

婦人服を中心に多くのブランドをかき集め、広い売り場に並べてきた。「百貨店業界はごく最近まで、同じような顧客ターゲットの似たようなブランドでも、どんどん売り場に受け入れてきた。その方が儲かると思っていた」と、大丸松坂屋百貨店の好本達也社長は振り返る。

「その方が儲かる」という言葉の裏には、「消化仕入れ」と呼ばれる業界独特の商習慣がある。百貨店は店舗内の売り場をアパレル企業に提供するが、商品の所有権はアパレル企業が持ったまま。販売員の確保まで含めて、アパレル企業が負担する。そして、店頭で商品が売れた分だけ「百貨店がその商品を仕入れた」と見なし、アパレル企業に仕入れ代金を支払う。つまり百貨店は在庫リスクを負わない。商品を万引きされたり、火事で商品が焼失したりしても、損害はアパレル企業が負うことになる。

もともとは「百貨店がいったん商品をすべて買い取るものの、後で返品可能」という仕入れ方式が多かった。だが1990年代頃から、百貨店側のリスクがより少ない消化仕入れ方式が圧倒的になったという。

「バブル崩壊以降、消費は伸び悩んでいたが、アパレル企業はたくさん存在していたので、百貨店の売り場に商品を並べたい各社の競争が激しくなった。アパレル企業に不利な条件でも、他社との競争上、それをのんでいくしかなかった」（大手アパレル企業の元幹部）

という。

売れ残りのリスクを負わないで済む百貨店側は、とにかく目新しいブランドを集め、売り場に商品をあふれさせて商売を拡大しようとした。しかし、個性のあるブランドは少なく、ＯＥＭに依存した大量生産ブランドの方が多い。都心の旗艦店を除けば、どの百貨店も似たようなブランド、商品構成になっていった。そして百貨店の魅力は薄れ、消費者の足は遠のいた。

アパレル不振が火を付けた百貨店の「再々編時代」

２０１７年３月20日、千葉市の中心部で長く地元に親しまれてきた三越千葉店が、33年の歴史に幕を下ろした。最盛期に５００億円を超えていた年間売上高は、２０１６年３月期には１２０億円程度まで落ち込んでいた。

「チャンスをいただき、何とか再生したかった」。同店の北條司店長はそう語り、悔しさをにじませた。

２０１６年以降、地方や郊外で百貨店の閉店が続いている。大手百貨店の再編は２００７年に大丸と松坂屋が統合したＪ・フロントリテイリング、２００８年に三越と伊勢丹が統合した三越伊勢丹ホールディングスが発足し、一巡したかのように見えた。だが深刻なアパレル不振を受け、再び再編の気運が高まっている。

２０１６年10月、そごう・西武を傘下に持つセブン＆アイ・ホールディングスが阪急阪神百貨店などを展開するエイチ・ツー・オーリテイリング（Ｈ２Ｏ）と資本業務提携を結ぶと発表した。株式の持ち合いと、そごう・西武が運営するそごう神戸店（神戸市）、そごう西神店（神戸市）、西武高槻店（大阪府高槻市）の、Ｈ２Ｏへの譲渡に向けて交渉に入った。

そごう・西武はこれまでも不採算店の閉鎖を発表してきたが、さらに一歩踏み込んで、関西での強固な地盤を持つＨ２Ｏに、手を焼く不採算店のテコ入れを任せる格好だ。

実はこの提携の発表より前、水面下では様々な観測や動きがあった。「金融機関を経由して、『そごう・西武を買収する意向はないか』と打診を受けていた」とある百貨店首脳は話す。セブン＆アイは売却方針を認めていないが、ビジネスの可能性を嗅ぎ付けた多くの金融機関が先行し、買収余力のある複数の百貨店に意向を聞いていたようだ。

ただ、先ほどの店舗リストラでも分かるように、そごう・西武全体の経営状況は厳しい。この百貨店首脳も「渋谷や横浜など立地の良い個別店舗には関心があるが、まとめて引き受けるのはとても無理だ」と話す。

「洋服の落ち込みは極めて大きい」

2017年1月。都内で開催された日本アパレル・ファッション産業協会の新年会でこんな一幕があった。

理事長として挨拶に立ったオンワードホールディングスの廣内武会長は、年始以降の消費が回復傾向にあることに触れて「日経平均株価は正月に高値を更新し、消費者心理も上昇に転じている。景況が上向いてきたという話も聞くし、いよいよファッション・アパレル分野にも波及効果が表れてくるのでは、と期待を込めている。『努力すれど報われず』の時期が続いているが、業界がまず元気を出さないといけない」と述べ、新年の祝賀ムードに花を添えようとした。

しかし、その後に日本百貨店協会を代表して挨拶に立った三越伊勢丹の大西洋社長（当時）は、いつにも増して険しい表情で、危機意識をあらわにした。

「経済の調子が良いというニュースも出ているが、小売りの現場はメディアで言われている以上に消費が厳しいのが現状だ。特に洋服の落ち込みが極めて大きい。顧客のニーズに応えられていないということだ。売り場を縮小するのではなく、サプライチェーンの総力

地方や郊外で百貨店の閉店が相次ぐ

時期	店名	場所
2016年２月	西武春日部店	埼玉県春日部市
９月	そごう柏店	千葉県柏市
	西武旭川店	北海道旭川市
2017年２月	西武筑波店	茨城県つくば市
	西武八尾店	大阪府八尾市
３月	三越千葉店	千葉市
	三越多摩センター店	東京都多摩市
７月	堺北花田阪急	大阪府堺市

そごう・西武の閉店が目立つ。今後も業績の改善しない地方や郊外の百貨店は、閉店や規模縮小が相次ぎそうだ

を挙げて、一から立て直す気持ちでやっていかないと消費がしぼんでしまう」

「何もあの場所で言う必要はないだろう」。集まったアパレル関係者からは苦笑交じりの声も漏れたが、大西氏は百貨店業界のリーダーとして、誰よりも現実を直視していたから、そう言わざるを得なかったのだろう。その大西氏も、社内で合意を得ないまま業績の厳しい地方郊外店のリストラに言及したことなどが原因となって、２０１７年３月に退任に追い込まれた。

　日本百貨店協会がまとめた２０１６年の全国百貨店売上高は、前年比２・９％減（既存店ベース）の５兆９７８０億円だった。６兆円を割り込むのは１９８０年（５兆７２２５億円）以来、36年ぶりのことだ。婦人服（６・３％減）、紳士服（５・３％減）、子供服（３・９％減）

がすべて前年割れとなるなど、売り上げ構成比で3割を占めるアパレルの不振には改善の兆しがない。

百貨店業界の年間売上高は1991年（約9兆7130億円）をピークに、その後、四半世紀にわたって縮小を続けている。

アパレル企業がSCや百貨店で商品を売る際、配置しなければいけないのが販売員だ。かつて若者の憧れの的とされた仕事だったが、近年は急速に人気を失っている。次は、そんな販売員を取り巻く過酷な現状を明らかにする。

PART 4 「洋服好き」だけではやっていけない

「みんな、洋服が好きでこの業界に入ってくるんですけど、何年か仕事をしているうちに気付いちゃうんです。この待遇なら、条件のいいほかの仕事をして、稼いだお金で好きなブランドの服を買った方が賢いんじゃないかって」

２０１６年まで中堅衣料品（アパレル）企業で東京・池袋の店舗に勤めていた中村理穂さん（仮名、27歳）はそう言って、寂しそうに笑った。

アパレル業界の不振には、ニーズを大幅に上回る過剰な大量生産や計画性のない出店戦略だけでなく、現場を支える販売員を〝使い捨て〟にする風潮も大きく影響している。「販売員のスキルや意欲はそのブランドの価値に直結する。にもかかわらず、労働条件の悪さから販売員が疲れ切ってしまい、やる気を失ったまま働いているケースも少なくない」（大手アパレル企業の元社員）。

アパレル業界といえば、かつては若者の憧れの的であり、魅力的な就職先の代表格とされてきた。だが、近年では待遇面の厳しさがクローズアップされて〝ブラック業界〟のイメージが染み付き、人手不足が深刻化しつつある。インターネット通販が急速に普及しているとはいえ、多くのアパレル企業にとっていまだに主な販路はリアル店舗だ。それなのに現場を支える販売員の労働環境や給与待遇の向上に取り組んでいる企業は少ない。

「手取り18万円、実家暮らし」がスタンダード

ファッション業界専門の転職支援サービス、クリーデンスによると、販売員の平均年収（２０１６年）は25～29歳で２９２万円。35～39歳でも３５４万円までしか増えず、日本全体の平均給与である年４２０万円（２０１５年、国税庁調べ）に届かない。

前述の中村さんの給料は退職する直前でも手取りで月18万円程度だった。そこから店頭に立つために必要な服代の一部などが引かれるため、「本当にひどい時は手取りが10万円になることもありました」（中村さん）。大学を出て新卒で入社して5年経っても、給料はあまり上がらなかった。当然、実家暮らしを続けるしかない。中村さんの同期約30人のほとんどが女性で、その多くが実家暮らしだったという。

労働条件の厳しさも際立つ。人材派遣会社のテンプスタッフによると、販売員の休日は

年間平均で96〜１０４日。百貨店、ファッションビル、アパレル企業の直営店などは、ほとんど定休日がない。集客が見込める休日が出勤日になることが多いため、土日祝日を完全に休んだ場合の１０９日を下回る休みしか取れないのだ。「私の勤めていた店舗はシフトがきっちり決まっていて、まだましな方だったと思います」と語る中村さんだが、基本的に土日祝日の大半が勤務日に設定され、年末年始やゴールデンウィーク、クリスマスなどはかき入れ時のため出勤しなければならない。友人からの遊びの誘いは、自然と減っていった。

さらに、勤務中は7時間半の立ち仕事。品出しや陳列、接客、レジ打ちと、ひたすら動き続ける。ヒールの高い靴は極力、避けるようになった。「10年先、店頭に立ち続けている自分の姿は想像できませんでした」（中村さん）。

販売員には売り上げノルマが課せられることも珍しくない。ノルマが達成できない時は、自腹でノルマ未達分を買って乗り切ろうとする人もいたという。そうでなくても、店頭に立つためにはその店で取り扱う最新の商品を着なければいけない。

ほかの業界では当然のように整備されている人材育成、評価基準の仕組みもアパレル業界ではあまり整っていない。保険業界や自動車業界などでは、販売員の成績を給与などに直接反映する仕組みを整えているところが多い。だからこそ、社員は自腹でも資格取得や接客スキル向上などの自己研鑽に前向きに取り組もうとする。だがアパレル業界、特に現場の販売員にそんな雰囲気はない。

大隈紗栄子さん（仮名、23歳）は、学生時代のアルバイトを経て、2016年に都内の大手セレクトショップに入社した。アルバイトとして働き始めて間もない頃、先輩社員からこう言われた。

「その服ダサいから、明日から着てこないでね」

厳しい言葉は日常茶飯事。先輩から「ダサい」などと指摘を受けるたびに、必死に新しい服を買い揃えた。

「表面の華やかな雰囲気とは違って、中に入ると完全に体育会系でした。先輩の厳しい言葉に耐え、給料をはたいて新しい服を買って見返そうという覚悟がないと、続けられなかった」

自社の洋服を買うことは強制されていなかったものの、アルバイト時代の毎月の給料10万円はほとんどが洋服代に消えていた。大隈さんは「1週間もしないうちに辞めるアルバイトもザラでした」と振り返る。

販売員の労働条件について前述の中村さんはこう指摘する。「頑張って目標を超えても、それが給料に反映されることはありません。そもそも、勤務する店舗の責任者によって評価の基準が変わるので分かりにくく、販売員同士がギスギスすることもありました」。

「販売員を続けても、展望がない」

販売員がやる気を失う大きな理由には、キャリアパスの行き詰まりもある。

「40代になっても、20代をターゲットにしたブランドの販売員であり続けるのは、簡単ではない」（テンプスタッフのマーケティング事業部・堀井謙一郎氏）。販売員として年齢を重ねた後、本社に異動して別の職種で働いたり、管理職に昇進したりする例はまだ多くはない。中村さんが退職した理由も、キャリアパスが描けなかったからだ。

「販売員が次のステップとして、バイヤー（買い付け担当者）や商品企画担当者になりたいと考えても、社内にそのルートがない。じゃあ転職しようと思って中途採用の募集要項を見ると、『3年間のバイヤー経験必須』とあるんです。どんなに長く勤めても、販売員は販売員のまま。自分の経験が転職市場で評価されないと知った時は辛かったです」

中村さんが勤めていたアパレル企業では、櫛の歯が欠けるように一人、また一人と同期が辞め、今でも残っているのは数人だけだ。

インターネットやSNS（交流サイト）が普及する前、アパレル販売員は時代の最先端を象徴する職業だった。

販売員が人気職業として世間に認識されるようになったのはバブル期のこと。DC（デザイナーズ&キャラクターズ）ブランドで全身を固め、ブランドのイメージを伝えるモデルの役割も兼ねていた販売員たちは、「ハウスマヌカン」と呼ばれた。1990年代後半から、若者向けブランドで一世を風靡したファッションビル「渋谷109」のカリスマ店員もこの流れをくんでいる。

業界に勢いがあれば、現場に多少の不満があっても表に出ることはなかった。だが、ハウスマヌカンの神通力は急速に失われていった。業界の実態はインターネットやSNSを通じて簡単に伝わるようになり、若者を中心に就職先としてのアパレル業界離れが広がりつつある。

文部科学省によれば、服飾・家政関係の専修学校に通う学生数は減少し、2001年度から2016年度までの間に半分以下に減った。業界全体が低迷していることに加えて「クリエーティブな仕事を目指す人材が、ゲームやアニメ産業に向かうようになった」（大手百貨店の元幹部）という指摘もある。

マネキンクラブから続く〝使い捨て〟の意識

　なぜ、アパレル業界は〝ブラック〟と言われるのか。背景には、古くからアパレル業界で続く、ある慣習が影響していると指摘する声がある。

「業界の考え方はマネキンクラブ全盛の時代とあまり変わっていない」と、大手アパレル企業の元幹部は話す。

「マネキン」とは、アパレル企業の要請に応じて、店舗に派遣される非正規販売員のことを指す。多くのマネキンを束ねるマネキンクラブは、販売員を紹介するだけで、雇用契約はマネキンとして派遣された販売員とアパレル企業が直接結ぶ。かつて、そういった紹介所が多数存在しており、アパレル企業の担当者は「マネキンクラブの経営者と仲良くして、自分の店に優秀な販売員を回してもらうのが仕事だった」（元幹部）という。

　例えば、20代向けのブランドの店舗では販売員も客と感覚の近い同年代で揃えたい。しかし正社員として販売員を雇うと、年を経てブランドのイメージに合わない年齢になった時に扱いに困る。ならばマネキンクラブから派遣してもらい、ブランドイメージに合う若い販売員を都合良く使った方が合理的だ――。こうして販売員に対する〝使い捨て〟の意識が根付いていった。

「正社員にしない文化や、販売員の待遇は低く抑えて当たり前という意識は、ずっと昔からアパレル業界に染み付いている」と大手アパレル企業の元幹部は嘆く。

大手アパレル企業の主な販路として君臨してきた百貨店の運営スタイルも、こうした風潮を助長した。百貨店がアパレル企業に場所を貸し、店頭で実際に売り上げた分だけ商品の仕入れが発生したと見なす「消化仕入れ」の場合、販売員もアパレル企業が配置する。その際、ブランドイメージに合った年齢の販売員を揃えるには、マネキンや派遣社員を活用した方が手っ取り早い。ある派遣会社の担当者は言う。「特に百貨店に多く入るアパレル企業は、販売員へのケアが足りない。『偉いのは現場ではなく本社』という考えから抜け切れていない」。

派遣社員の時給は上昇傾向にある。求人情報大手のリクルートジョブズがまとめた2016年3月の三大都市圏（関東・東海・関西）の募集時平均時給は1638円。前年同月に比べて3・3％上がり、2007年2月の調査開始以来、最高となった。営業、販売、サービス分野も前年同月比で2・9％上がった。幅広い業種で人手不足が続き、時給を上げないと人を集めづらくなっているのだ。

重い腰を上げ始めた大手

こうした状況を踏まえ、ようやく販売員の待遇改善に乗り出す動きが出てきた。

三越伊勢丹ホールディングスは２００９年度から一部店舗で営業時間を30分短縮。それまでは1月2日にスタートしていた初売りを、大半の店舗で1月3日に後ろ倒ししたほか、一部の店舗で正月以外の店舗休業日を試験的に導入するなど、業界の暗黙のルールを次々と破った。さらに２０１６年４月からは、月給制契約社員の雇用期間を採用直後から無期雇用にした。

大手アパレル企業のワールドは子会社のワールドストアパートナーズを通じ、２０１７年春に８２８人の新卒を採用した。２０１４年、ワールドはショッピングセンター（ＳＣ）への積極出店などが裏目に出て業績が急激に悪化。２０１５年４月に社長に就いた銀行出身の上山健二氏は、就任直後こそ本社勤務の社員を希望退職で大きく減らしたが、売り上げに直結する販売員は人材増強が必要との判断から、従来の2倍以上に採用数を増やした。

だが、こうした企業はまだ少数。正社員に登用する仕組みが整い始めたのも、「ここ1～2年の話」（テンプスタッフの堀井氏）。企業の取り組み姿勢も二極化しているようだ。

「ブランドイメージを決める重要な要素として販売員を認め、活躍させようとしている企業は一部に留まる」（ファッション業界専門の転職支援サービス、クリーデンスの事業責任者・藤田芳彦氏）。そのため、人が集まる企業と集まらない企業がはっきりと分かれつつある。

「販売員を取り巻く環境はその存在の重要性に比べて、必ずしもいいとは言えない。地位向上を図りたい」。2016年9月21日、大手百貨店やアパレル企業約100社で構成される日本プロフェッショナル販売員協会（JASPA）の第1回総会で、エマニュエル・プラット代表はこうメッセージを発した。

JASPAは2016年6月に発足したが、プラット氏はLVMHモエヘネシー・ルイヴィトン・ジャパンの社長を務めた経験があり、現在もフランス本社のシニアアドバイザーを続ける。「LVMHは販売員の待遇が良い会社として知られる。今までも同じような団体は何度か作られてきたが、代表者や発起人のラインアップは今までとスケールが違う」（テンプスタッフの堀井氏）。JASPAでは今後、会員企業の販売員に向けた教養やスキルアップ講座の開設、語学研修や検定などを実施していくという。

競争相手はＩＴベンチャーや大手金融機関

華やかさに憧れてアパレル業界に足を踏み入れた若者が、年齢を重ねるにつれて希望を失い、他業界に移るケースが目立つ現在、業界を挙げて第一歩を踏み出した意味は大きい。「結局、優秀な販売員を抱えているところが強い」（大丸松坂屋百貨店の好本達也社長）という認識も急速に広まっている。

見誤ってはいけないのは、アパレル業界は不振に陥ったから、現場が〝ブラック〟になったのではない。何十年にもわたって、現場の販売員を使い捨てにする風潮を放置し、彼らの存在を軽視してきたために販売力が削がれ、業界不振の原因になったのだ。

人口減少社会に入り、様々な業界・職種が入り乱れて有能な人材を奪い合っている。アパレル業界が人材獲得で競う相手は、「隣に店を構えるブランド」ではなく、「時代の最先端を行くＩＴ（情報技術）ベンチャー」や「福利厚生、給与待遇の良い大手金融機関」だ。業界の論理や常識から抜け出し、現場の販売員が売り上げを支えていることに気付かない限り、アパレル業界は不振の構図から脱することはできない。

PART 5

そして、勝ち組はいなくなった

2017年2月14日、大手衣料品（アパレル）企業の三陽商会が中期経営計画を発表した。同社は2015年6月に英バーバリーのライセンス権を失って以降、売り上げの大幅な減少に苦しんでいる。当初は2016年10月に策定するはずだった経営計画を延期し、同年12月には当時社長だった杉浦昌彦氏が引責辞任を発表。新社長に就いた岩田功氏がこの日の記者会見に臨んだ。力強い口調で資料を読み上げる岩田氏だったが、発表を大幅に延ばしてきた計画の割に、その内容は力強さに欠けるものだった。

漠然とした成長戦略

「メーカー、小売り、インターネット通販運営など、すべての機能を持つ総合ファッションカンパニーになる」「ショッピングセンター（SC）や駅ビルなどに販路を広げる」「商品企画の期間を短くし、売り時を逃さないようにする」――。どこかで聞いたような説明が続く中、会場の雰囲気を感じ取ったのか、岩田氏も「漠然と聞こえるかもしれないが、複合的な企業にしていきたい」と強調するしかなかった。

中期計画と併せて発表した2016年12月期決算は、過去最悪となる113億円の最終赤字を計上。2017年12月期も最終赤字の予想が続いており、同社の先行きは不透明なままだ。

三陽商会が2018年12月期の黒字化を目指して打ち出した施策を要約すると、「SCやファッションビルに販路を広げ、ネット通販にも注力。流行を敏感に反映するため、商品企画のサイクルを短くする」というもので、これまで指摘してきたアパレル業界の不振の原因と奇妙に符合する。

SCの売り場面積の膨張を支えるため、アパレル各社が新ブランドを次々投入したことで同質化が進んだ。販路を開拓しようとして無理に進めば、同じ轍(てつ)を踏む可能性が高い。また、三陽商会ではこれまで春夏と秋冬の2回だった生産体制を6シーズンに細分化。売れ行きに応じて追加生産する割合を、従来の10%から30%まで引き上げる。だがアパレル各社が売れ筋を追いかけるあまり、OEM（相手先ブランドによる生産）などに頼って失敗した経緯はこれまで見てきた通りだ。

コンサルティング会社、ローランド・ベルガーの福田稔プリンシパルは「三陽商会の中期計画には黒字化の説得材料がなかった。具体的なブランド名や施策が見えず、どこに向かうのか分からない」と指摘する。取引先からの評判もいまひとつだ。「今、強調するべきことがネット通販の強化なのか。発表を延期して、この内容はお粗末」。大手百貨店の副店長は、こうため息をついた。

帝国データバンクの調査によると、2015年度のアパレル関連業者の倒産は311件となり、4年ぶりに300件を上回った。2015年度に赤字を計上したアパレル関連企業（売上高50億円以上）の数は全体の2割に達し、業界のすそ野まで不振の影響は広がっている。

アパレル大手企業4社の決算を見ると、大規模なリストラを実施して利益率こそ改善したものの、いまだ本格的な反転攻勢とはほど遠い状況にあることが分かる。ある大手アパレル企業の元首脳は「百貨店を主な販路としてきた大手のうち、ファンドや他社の傘下に入らずに独立経営を保てるのはせいぜい2社くらいだろう」と予想する。

「モノ作りの再強化」「海外販路への進出」「食を含めたライフスタイル企業への転換」「コスト管理の徹底」「若手社員の大胆な起用」――。各社の中期計画や成長戦略に盛り込まれた要素を抽出してみると、どれも大きな差はない。

「経営もトレンドに流されやすい」

例えば、三陽商会だけでなく大手アパレル企業が必ず打ち出す成長戦略が「ネット通販事業の拡大」だ。確かにネット通販は拡大を続けているが、ほぼすべてのアパレル企業がそこに殺到している。米アマゾン・ドット・コムや、スタートトゥデイ（現ＺＯＺＯ）が運営する国内最大のアパレルネット通販「ＺＯＺＯＴＯＷＮ（ゾゾタウン）」のように、ＩＴ（情報技術）を生かした強固なビジネスモデルを持つ会社が既に存在している。アパレル各社が自力で新たな通販ビジネスを確立できなければ、そうした会社にただ商品を卸すだけになる。既存店舗との顧客の食い合いをどう防ぐのか、物流コストをどう抑えるのかといった課題に明確な答えを持つ企業もほとんどない。

もちろん、試行錯誤はイノベーションを生み出す土壌となる。ただ、どうしても場当たり的な印象が拭えない理由を、あるアパレル関係者は「何かがヒットしていると聞けば、それに飛びつかずにはいられない。洋服だけでなく、経営もトレンドに流されやすい」と指摘する。持ち株会社制への移行など企業形態の変更に、その傾向が端的に表れる。

ワールドは２０１７年４月、持ち株会社制に移行した。「百貨店のレディース事業」や

「メンズ&スポーツ事業」など事業部門ごとに独立した会社とすることで、権限委譲を進めて市場の環境変化に柔軟に対応できるようにするのが狙いだという。

一方、ワールドに先行して持ち株会社制を採用している企業にTSIホールディングスがある。同社が2014年2月期まで営業赤字に陥っていた理由の一つが、「子会社に権限を任せすぎたためグループ全体の連携が取れず、コスト増につながった」(TSI社長の齋藤匡司氏)ことだ。

TSIはその後、持ち株会社主導でグループの引き締めを図り、各ブランドが必要とする生地や素材を一括調達するなどしてコスト削減に取り組んできた。ワールドの持ち株会社制は始まったばかりだが、子会社のトップに権限を任せて意思決定を早くするほど、子会社が独断専行に陥るリスクもまた高まる。

「楽な道」を歩んできたアパレル業界

三陽商会の中期計画がまさにそうだが、自分たちがやってこなかった取り組みを始めたり、既に競合相手が多数存在するにもかかわらず〝新たな分野〟へ進出したりすることが解決策になるという考え方が、アパレル業界では蔓延している。

その背景には、アパレル業界が高度経済成長期から1980年代までに経験した強烈な成功体験がある。国内市場が右肩上がりに伸び、作れば売れる時代が長かったため、市場参加者の多くが勝ち組になれた。

ほかの業界の優れたビジネスモデルを取り入れることをせず、販路としての海外市場の開拓も中途半端だった。自動車を筆頭とした日本の製造業が歩んできた苦難の道とは異なる「楽な道」を、アパレル業界はひたすら歩んできた。

百貨店を主な販路とするアパレル企業だけでなく、SPA（製造小売業）も勝ち組とは呼べない。米GAP（ギャップ）の傘下ブランドで低価格帯の商品を強みとしていた「オールドネイビー」は、2017年1月までに国内53店をすべて閉めた。2012年の日本進出からわずか5年足らずでの全面撤退は、日本のアパレル市場の厳しさを象徴している。

ユニクロを突き動かす危機感

ユニクロなどを展開するファーストリテイリングの2017年8月期決算は増収増益を見込む。しかし、ユニクロの国内店舗を訪れる客数は同年2月時点で前年比ほぼ横ばいとなっている。東京・江東区に新型の物流拠点を造るなど、同社がビジネスモデルの変革を続けるのも、変化に乗り遅れれば簡単に滅ぶという危機感があるからだ。

会長兼社長の柳井正氏はアパレル産業の将来図について、こう語っている。「ＩＴの進化によって、誰でも様々なビジネスを始められるようになった。そうなると、チャンスを生かす人と、そうでない人の差が広がる。米グーグルや米アマゾン・ドット・コムなどはアパレル業界への進出を加速するだろう。既存の産業分類は意味がなくなり、これからは業界内で再編するのではなく、産業を飛び越えた規模で再編が起きる」。

「中間層が服を買わなくなった」――。大手アパレル企業や百貨店の関係者に不振の理由を問うと、判で押したように同じ答えが返ってくる。長引くデフレは消費者の財布のひもを固くし、所得格差も広がり続けている。ただ、問題の本質は外部環境にはない。

既存のビジネスモデルを守りながら、その上につぎはぎして延命を図る経営は限界にきている。ゼロから新しいビジネスを作るつもりで、既存のビジネスモデルを破壊する。経営者に問われているのは、その覚悟だ。

INTERVIEW

大丸松坂屋百貨店社長
好本達也（よしもと・たつや）氏

我々はゆでガエルだった

アパレル不振の現状を冷静にとらえ、新しい売り場作りを模索する。婦人服売り場の面積圧縮に言及し、選び抜いたブランドには集中投資すると語った。

――衣料品（アパレル）市場は転換点を迎えています。

好本達也氏（以下、好本）　それは間違いないですね。日本の場合、特に百貨店の売上高に占める洋服の割合がものすごく大きい。だから関係者は「そう簡単に崩壊しないだろう」という仮説を持っていました。

ただ、何年か先を見た時にリスクがあるのは、少し未来を読める人、大局的に物事を見る人なら分かっていたと思います。我々はそのど真ん中にいたので、そう思いたくなかった。さらに日々の動きを見ていると、アパレルの売上高は上がったり下がったりを繰り返しながら徐々に減り、一気に5%、10%と減ってはいないわけです。まさに、ゆでガエルでした。

リーマンショック以降、百貨店の売上高に占めるアパレルのシェアは確実に下がってきています。それが足元で加速し、誰が見ても明らかなレベルに達しました。ファストファッションも選別される時代になって、日本人はもうアパレルにお金を使わなくなっています。競争が激しく、ライフスタイルが変化するとなると、脱皮していかないとアパレル業界は厳しい。特に婦人服は厳しいと思わないとダメですね。

――大丸松坂屋百貨店の内部で「手を打たなければ」と考え始めたきっかけは何ですか。

好本　大きなきっかけは2つあります。まずはリーマンショック。アパレルだけでなく百貨店全体の売り上げがどんどん減りました。ほかの分野はそこから少しずつ回復したわけですが、その間も婦人服を中心にアパレルの売り上げはずっと減り続けてきました。

もう、元には戻らない

好本　もう一つ影響が大きかったのは、２０１４年の消費増税でした。消費増税がお客様のマインドを冷やした要素であったことは間違いない。気持ちが冷えて、消費に対して確実に臆病、慎重になりました。ただ、訪日外国人の売り上げが伸び、富裕層の消費がいち早く回復するなどして、百貨店では都心店を中心にここ数年は全体で増収になっているんです。その中に隠れているのですが、婦人服だけは売り上げがずっと下がり続けています。

私はここまで来たら戻らないと思わなければダメだと考えています。これまでのように新しいブランド、新しい商品をお客様に提案するだけで、容易に数字が上がる状況ではなくなっています。

高級腕時計やブランド品、美術品などのジャンルは、百貨店の中でイベントと合わせながら売っていくと、攻めようがあります。ではどこが問題かというと、婦人服、紳士服、リビングです。昔から百貨店の売り上げの柱だった部分が、リーマンショックと消費増税で下がったまま、というのが実態だと思います。

――今の話からすると、婦人服売り場の面積は減らしていくのでしょうか。

好本　長い目で見て、増やす選択肢は絶対にないと思います。これまでは、百貨店全体の売り上げが年々減る中で、売り場面積を増やしている店もあって、その中で婦人服の売り場面積も増やしてきました。利益率は高いし、多少食い合っても、5ブランドを10ブランドにすれば売り上げが2倍になることを経験して育ってきましたし、2000年以降もそういう状況だったのです。

アパレル企業は百貨店と持ちつ持たれつの関係でどんどん売り場面積を増やしてきた。でも、今はお客様がアパレルにお金をかけなくなっていることは間違いないですから、適正な規模に戻していかなければいけない。

我々はここ数年、いくつかの店で大きな改装をし、その機会に婦人服売り場の適正規模への圧縮に取り組んできました。

婦人服売り場の面積を圧縮するなら、「何で代替するのか」という仮説をいくつも持たなければダメでしょう。パッチワークのようにブランドや取り扱い商品を入れ替えて済む話ではありません。仮説を基に実験しながら、「これはいける」と思ったら加速するというやり方にしなければダメだと思います。

――大丸松坂屋百貨店もリーマンショックまでは拡大路線でした。

好本　2007年頃までは間違いなく拡大路線でした。2007年に大丸東京店の第1期のリニューアルをしましたが、その時は婦人服売り場の面積を増やしました。2012年の第2期の際は消費の風向きが完全に変わっていたので、婦人服売り場の面積は一切増やしませんでした。

――婦人服の売り場を減らした分、何で補おうと考えていますか。

好本　答えの一つがアクセシブルラグジュアリーという、ラグジュアリーと一般の百貨店ブランドの間にあるようなものです。

最初の売り場は大丸京都店の2階に作りました。我々が買い取った靴や帽子などの雑貨をメーンにしながら、婦人服も含めた商品構成としました。価格は従来のラグジュアリーブランドよりも少し安めです。

ただ、これは解決になっていないんです。本当はミセスやキャリアのフロアを削って、アクセシブルラグジュアリーのゾーンを作っていかなくてはダメなんですが、大丸京都店ではラグジュアリーブランドが並ぶ特選フロアにアクセシブルラグジュアリーの売り場を作ったからです。

志のあるブランドと組む

――アクセシブルラグジュアリーの価格帯は、大手アパレルよりも高いのですか。

好本　そうです。そこに空白のゾーンが必ずある。だから高級ブランドがセカンダリーブランドを出したり、新しいデザイナーがそこを狙ってきたりするのです。

今まで百貨店の婦人服フロアは、「ヤング、キャリア、ミセス」と分かれていました。今後は、例えばミセスをターゲットにするなら、ミセスが関心を持つ婦人服以外の食住などの商品も揃える取り組みを、目立つ場所で展開したいと思っています。

アクセシブルラグジュアリーの導入と、ターゲット層に合う衣食住をうまく組み合わせた売り場作りについては、2016年秋から始めたかったんですが、できていません。自分たちでもう少し力を付けなければダメだなと思っています。ブランドの入れ替えというレベルではなく、500〜1000平方メートルという単位でブロックごと変えて、スペースの再配分をしていくつもりです。

アパレル不振については楽観していませんが、悲観一辺倒でもありません。志があって、経営者の意図がはっきりしているブランドは売れています。苦戦を強いられている婦人服の中にも売れているブランドはいくつもありますが、やはりそういった共通項がある。反対に、それらをなくしてしまったブランドが苦境に陥っています。そういうことに気付いているブランドとは絶対に組むべきだと考えています。全ブランドと同じバランスで付き合っていくことはできませんから。これが、私の考える対策の一番大きなポイントです。

遮二無二取り扱いブランドの数を増やすのではなく、そういう人たちと志を合わせて商売をやっていくつもりです。

――ブランド数は、どれぐらい減るのでしょうか。

好本　それは分かりません。店によって違うし、相手のある話でもあり、投資だって必要です。ただ、情に流されると改革が遅れるのは間違いありません。一つずつうまく集約、収斂していかなければいけません。

その上で、やる気のあるブランドには資金も支援します。例えばある取引先に対しては、うちが経費を半分負担して店長を教育しています。取引先の店長の研修に実費を出すなど、これまでは考えられませんでしたが、今は始めています。

――大丸松坂屋百貨店の中に不動産事業部を作りました。狙いは何でしょう。

好本　ビジネスモデルを転換して生き残ることを考えないといけません。実際、デベロッパーのような取り組みはたくさん手掛けています。

例えば松坂屋名古屋店の中にはヨドバシカメラが入っていますが、これは賃貸借契約です。面積当たりの収益は下がりますが、我々のコストも小さくて済む。何より意義があるのは、ヨドバシカメラには今まで松坂屋に来ていなかったお客様がいらっしゃる。そうすると入店客数は増え、シナジーは当然生まれます。

デベロッパーのような感覚で、今まで百貨店が取り引きしてこなかった企業を広く開拓していけば強みになると思っています。今持っている資産をうまく活用しながら、不動産事業を成長の柱と位置付けて大きくしていきたいと思っています。

（インタビューは2016年9月に実施）

INTERVIEW

高島屋社長
木本 茂（きもと・しげる）氏

顧客の要求に応えられていなかった

アパレル企業の提供する商品に頼りすぎ、努力不足だったと反省する。変化する顧客の購買行動への対応策として、強みとする自主編集売り場への再注力を打ち出す。

――百貨店における衣料品（アパレル）の売り上げの落ち込みについて、どのように見ていますか。

木本茂氏（以下、木本）　婦人服を例にお話しすると、我々の2015年度の売上高を見た時、その前の年と比べて下落しています。そして、2016年度上半期も下落に歯止めがかかっていないのが実態です。

原因は色々ありますが、各地域にショッピングセンター（SC）が進出するなど、他業態との競争が年々激しくなっている。お客様はインターネット通販を使うことに抵抗がないですし、消費行動が変わってきていることも大きな要因です。

それに加えて、お客様の要求に合うものを提供できていませんでした。高島屋として努力不足だったのは、やはりアパレル企業が提供する商品に頼っていた部分が非常に大きい。

我々の直営店は17ありますが、それぞれの店でお客様の嗜好が微妙に違います。例えば、どこの百貨店にも入っているAというアパレルブランドがあるとして、17店舗すべてで同じ色、同じプライスゾーンの商品が売れるわけではありません。

どれだけ感度良く品揃えをしていくかが非常に大事になってきます。2014年の春に、本社のバイヤー計200人を、17店舗に移しました。本部中心の仕入れ構造から、もっと売り場に近いところにバイヤーを配置し、地域のお客様が望んでいるものは何なのかを直接吸収することで、それを品揃えに反映することに取り組んでいます。残念ながら、まだ目に見える成果は上がっていないのですが、それでも2015年秋には、100人弱をさらに店舗に移しました。

2016年に入って、「繊維・未来塾」と組んで商品を作り始めました。ここには、日本全国の繊維メーカーが加盟しています。彼らと組むことで、日本の素晴らしい技術や素材を商品化することができました。２０１６年５月はレース素材に焦点を当て、「日本の良い素材を使い、日本の高い技術で作った商品をお客様に提供しよう」と呼びかけたところ、多くのアパレル企業が賛同してくれました。お客様の反応もものすごく良かったですね。

我々はあくまで百貨店です。ＳＰＡ（製造小売業）ではないので、我々が商品を作るわけではありません。アパレル企業の商品企画力はやはり素晴らしい。今回は婦人服を中心にやりましたが、賛同していただける企業を増やして、紳士服や子供服にも広げていくのが我々の活路です。

――アパレル企業の中で、国内の生産地を盛り立てていこうという動きがあります。高島屋もこれに呼応しているのでしょうか。

木本　日本の良質な素材を使い、それを製品化すると当然、コストは高くなります。アパレル企業が商品のコスト構造を考えて、海外へ生産をシフトするのは仕方がないことだと思います。

そうした動きをすべて否定するわけではありませんが、海外から来たお客様は、日本の高品質なモノ作りに注目しています。２０１６年時点で２０００万人という訪日外国人は、これから２０２０年の東京五輪に向けて４０００万人に増えていきます。そうした商機をとらえるためにも、国内のアパレル企業や産地との取り組みが重要性を増していると思います。

技術革新で可能性は広がる

木本　福井の繊維メーカーであるセーレンと協力して、新しい取り組みも始めています。例えばワンピースなら、無地のノースリーブや七分丈など複数の形を用意し、お客様が好みに合うものを選びます。

その上で、セーレンが持つプリント技術を駆使したサンプルの中から、気に入った柄を選んでいただきます。お客様が好みの形と柄を選び、それから製品化に入る仕組みなので、在庫を持たなくて済む。

どのアパレル企業にも必ず在庫の問題が付いて回りますが、先進技術で対応しようとしています。我々もそういう技術を売り場に導入しました。小売業である我々も技術革新の波に乗れれば可能性は非常に広がると考えています。

——こうした取り組みを進めると、消費者にはどんなメリットがあるのでしょうか。

木本　お客様は年齢層も、好きなスタイルも様々です。とがったものが好きな方もいれば、オーソドックスなものを好まれる方もいます。産地からアパレル企業まで様々な企業と組むことで、形や柄など、たくさんの選択肢の中からお客様のニーズに合わせて提供できるようになるのが、最大の利点だと考えています。お客様の反応が良かったのは、そういう理由だと思います。

アパレル企業は、複数社で面的に商品を展開していくことで、結果としてその素材、商品の市場を大きく広げることができます。もちろん自社で作ったものが売れれば一番いいと思うでしょう。けれど、1社だけで市場を広げることは難しいですからね。

——御社のメリットはどこにありますか。

木本　メリットというよりは、そういう取り組みを進めていかなければいけないということです。自らくさびを打ち込まない限り、静かに沈んでいくだけですから。

婦人服の下振れは食い止めたい

――小売業界がアパレルの販売比率を下げる中で、高島屋はどのくらいの比率にしたいと考えていますか。

木本 売り上げに占める婦人服のシェアはもう20％を切っています。拡大はなかなか厳しいというのが正直なところです。ですが、これ以上の下振れは何とか食い止めたい。売り上げを見ていると、婦人服は元気がないですが、婦人雑貨が非常に好調に推移しています。

この2年間を振り返ると、玉川や柏の高島屋で、化粧品や高品質な婦人靴の取り扱いを増やし、売り場面積も少し増やしました。面積を増やすにはどこかを削らなければいけません。婦人服は大体、多数のフロアを使っているケースが多いので、そこに雑貨を加えて、婦人服と一緒に見てもらえるようにしていきます。

購買行動の変化への対応も含めて、「今、お客様が本当に求めているもの」を扱うことが大事だと思います。

もう一つの取り組みとして、新しい売り場を作っています。自前で開発した商品を中心に、自前のスタッフが販売する売り場です。

私が入社した頃の百貨店といえば、「セーター・ブラウス＆スカート」ゾーンのように、ブランドに関係なく、特定の単品商品だけを集めた売り場がたくさんありました。けれど今ではほとんどが、ブランドショップ形式に変わった。その中で、改めて自主編集売り場に注力しようとしています。

２０１６年上期には、「デニムスタイルラボ」という、デニムに特化した売り場を立ち上げました。同年９月からは、「シーズンスタイルラボ」という自主編集売り場も展開しています。

シーズンスタイルラボでは値段がこなれていて、着回しのできるベーシックな素材、デザインを中心に扱っています。２０１６年度の下期には、人気スタイリストの大草直子さんにディレクションをお願いして、「単品をどう組み合わせて着こなすのか」という提案もしています。外部の知見も含め、商品を通じてお客様に新しいメッセージを送れる売り場を作ろう、と思っています。

新しい自主編集売り場の滑り出しは、非常に順調です。高島屋はこれまでも複数の自主編集売り場を持っていて、例えば紳士服の「CSケーススタディ」は２０１６年で15周年、婦人服の「スタイル&エディット」も10周年を迎えました。

高島屋は大体、新しいことを始めても飽きっぽかったのですが、珍しく10～15年も続けてこられて、固定ファンも付いて、息の長い売り場になっています。シーズンスタイルラボもしっかりと息の長い売り場にしたいと思っています。百貨店としての編集力という強みを生かして挑戦していきたいと考えています。

「赤字＝即閉店」とは考えない

――百貨店の閉店が相次いでいます。高島屋は店舗戦略をどう考えていますか。

木本　確かに厳しい部分があります。２０１６年度の上期は、全体の売上高が前年同期比１・７％減でした。内訳を見ると、大型店が１・２％減、中小型店は２・７％減で、地方郊外店の下落幅が大きいことがはっきりしています。

もちろん、地方郊外店のコストは常にしっかりと見ています。苦戦をしていた岡山店も２０１５年度は赤字でしたが、その後の1年で黒字計画を出せるくらいコストを削減できるようになりました。地方郊外店はそれぞれの地元で、たくさんのお客様にご利用いただいています。高島屋として最大限の努力をするつもりですし、「単年で赤字になったからすぐ閉鎖」ということは考えていません。

２０１６年9月、港南台店の4～5階に、ニトリに入っていただきました。同店は地下1階から5階まで、6フロア構成の百貨店です。まずはニトリの圧倒的な集客力を取り込みたい。我々は今まで6フロアをすべて自前で運営していましたが、これには当然コストがかかります。売り上げの回復が厳しい状況の中で、ニトリが入った2フロア分の売り上げは減りますが、同時にコストも抑えられます。さらに安定的な家賃収入が入る。そうすることで収支のバランスを取るのが港南台モデルです。

このモデルがすべての地方郊外店に当てはまるかというと、必ずしもそうではないでしょう。それぞれの店の規模や環境の違いを踏まえて、その店に合った処方箋を作り、収支バランスを取れるようにすることが重要だと考えています。最大の努力がまだできていないのが正直なところで、まずはそれをやり尽くすことが当面の経営課題だと考えています。

――アパレル企業が生産を絞ることで、地方郊外店に商品が回らなくなったとの指摘もあります。

木本　地方郊外店の場合、首都圏の大型店とは規模が違うので、アパレル企業としても当然、多く売れる店舗に多くの商品を供給するのは自然な話だと思います。だからこそ、我々は仕入れ担当者を店舗に配置したんです。売れ筋商品を確保し、お客様が求めている商品を売り場に用意するために、そういう取り組みをしているわけです。

「消化仕入れ」にはメリットもある

――百貨店がリスクを取らない「消化仕入れ」の問題を指摘する声は以前からありました。その点についてはどう考えていますか。

木本　「消化仕入れ＝悪」のような言われ方をするケースもありますが、私は必ずしもそうではないと考えています。アパレル企業側に在庫があるからこそ、店舗間の商品移動がしやすいという側面もあります。百貨店とアパレル企業の相互にメリットがあるという意味では、有効な仕入れ形態の一つだと思っています。

ただ一方で、それでは百貨店側の利益率が下がるため、自分たちで商品を開発し、在庫を持つやり方も、もう少し切り込んでいかなければいけないと考えています。

（インタビューは２０１６年９月に実施）

第2章

捨て去れぬ栄光、迫る崩壊

なぜ衣料品（アパレル）業界は不振に陥ったのか。その理由を知るには、日本におけるアパレル産業の成り立ちと、現在までの経緯を振り返る必要がある。本章では、歴史をたどり、不振の原因を探る。

戦前に花開いた洋服文化

日本で本格的な洋服文化が花開いたのは、1920～1930年代だった。第1次世界大戦（1914～1918年）で戦勝国となった日本では、工業が発展して生産力が増大。都会への人口集中が進む中で、職業婦人などが活躍するようになった。

その頃、洋服に身を包んだモダンガール（モガ）、モダンボーイ（モボ）と呼ばれる若者たちが時代の最先端としてもてはやされた。1927年、それまで老舗百貨店の三越などで働いていた樫山純三が大阪で独立し、運動具や化粧品などの輸入卸業を始める。これが後にオンワード樫山となった。

再び戦争の機運が高まる中、物資不足とも相まって洋服文化はいったん日本の表舞台から姿を消す。第2次世界大戦中の1943年、東京・板橋で吉原信之が三陽商会を設立した。創業当時は消耗品を扱う個人商店で、主力商品は高速回転させて金属を切るために使

昭和初期のモダンガールたち（1938年）

う切断砥石だった。

三陽商会は戦後の1949年にレインコート専業メーカーとして第一通商（現在の三井物産の繊維部門）と取り引きを始め、進駐軍から1万着の注文を受けたことをきっかけに、商売の幅を広げた。

1950年に配給制を軸とした衣料統制が終わると、民間企業が自由に服を作って売る時代が始まる。同年、レナウン創業者、佐々木八十八（やそはち）の三女である坂野惇子が神戸市でベビー・子供用品ブランドのファミリアを創立した。

1951年には、三陽商会が「サンヨーレインコート」を商標登録。梅雨と秋口に売り上げが集中するレインコートに依存したビジネスモデルから脱却するため、ほこりよけとして春先に着る「ダスターコート」を発売して一世を風靡した。

オンワード創業者が生んだ「委託取引」

オンワード創業者の樫山も1951年までに紳士既製服の量産体制を整え、讃美歌に由来する「オンワード」（前へ、という意味）の商標を登録した。この頃、樫山は百貨店を主な販路と見込み、当時としては画期的な「委託取引」を思い付く。いったん商品を百貨店に買ってもらうが、売れ残った商品をオンワード側が引き取る仕組みで、これが発展して現在の「消化仕入れ」につながっていく。

当時、百貨店はアパレル企業から商品を買い取るのが主流だったが、それでは百貨店の予算分しか買ってもらえない。そこで、あらかじめ売れ残りを引き取ると約束することで、買い取りの場合よりも多く、オンワードの商品を棚に並べてもらうのが狙いだった。

委託取引は在庫のリスクをアパレル企業側が負うことになるものの、百貨店による買い取りに比べて利幅が大きくなる。経済全体が成長して消費意欲も旺盛な時代だったため、返品はあまり気にしなくても済んだ。

こうして1950年代以降、委託取引は百貨店業界全体に広がっていく。現在では不振

百貨店に並ぶ様々な既製服（1965年）

の一因と見なされる百貨店とアパレル企業の相互依存も、戦後の焼け野原から高度経済成長期へ向かって日本全体が躍進していく過程では、双方にとってプラスの仕組みと位置付けられていた。

樫山は1959年に婦人服部を立ち上げ、本格的に総合アパレル企業への道を踏み出す。

同年、神戸では婦人向けニットの卸会社としてワールドが誕生した。同社は創業間もない頃、取り引きしていた問屋の倒産によって手形の不渡りを経験し、小売店に対しては委託販売を認めず買取制一本に絞っていた。反発する小売店に買取制を認めさせるため、ワールドは商品の企画力を磨く方向に進んでいった。

オンワード樫山は海外製の運動具や化粧品、三陽商会は砥石などの消耗品、ワールドが婦人向けニットと、扱う商品は異なっていたが、現在大手と呼ばれるアパレル企業の出発点はいずれも卸売業者だった。つまりアパレル産業構造の中で「川中」に位置するポジションからスタートしたのだ。

「百貨店で既製服を買う」が時代の最先端

戦後の混乱が収まり、高度経済成長期に入った1960年代。国民所得倍増計画が発表されると、「消費は美徳」が国民的なスローガンとなった。アパレル企業の生産体制が整ったことと相まって、既製服の需要が急増した。主な販路となったのが百貨店で、特に婦人服が飛ぶように売れた。アパレル業界の歴史に詳しいウィメンズ・エンパワメント・イン・ファッション（WEF）会長の尾原蓉子は「百貨店で既製服を買うという行為自体が時代の最先端だった」と指摘する。

東京・銀座のみゆき通りに集まる流行に敏感な若者「みゆき族」の間で、3つボタンのブレザーにボタンダウンシャツ、ローファーなどを組み合わせるアイビールックが流行したのもこの頃だ。火付け役は、佐々木営業部（現レナウン）勤務を経て独立した石津謙介

デザイナーズブームの先駆けとなった高田賢三氏（1978年）

DCブランドを目当てに、阪急百貨店のセールに並ぶ若者たち（1985年）

の手掛ける「ヴァンヂャケット」だった。1964年創刊の雑誌「平凡パンチ」で特集が組まれると、みゆき族は社会現象となった。

1967年、英モデルのツイッギーが来日した際、彼女の穿いていたミニスカートに注目が集まり、日本でもミニスカートの大ブームが巻き起こった。

栄光の1970年代、熱狂の1980年代

1970年代に入ると、日本人デザイナーがファッションの本場パリでデザイナーとして活躍するようになる。

「ケンゾー」の高田賢三や「イッセイミヤケ」の三宅一生が相次いでパリコレクションにデビュー。「ヨウジヤマモト」の山本耀司、「コムデギャルソン」の川久保玲などが後にこれに続く。

デザイナーを中心としたごく少数のスタッフが、マンションの一室で立ち上げた小規模なアパレル、通称「マンションメーカー」が東京・原宿を中心に林立したのもこの頃だ。

一方、国内の大手アパレル企業は海外ブランドのライセンスを相次ぎ取得。百貨店との関係を深めながらビジネスを拡大していく。

三陽商会が三井物産を通じて英バーバリーと提携し、コートの生産を始めたのが１９７０年。当初は10年契約だった。三陽商会はこの時期を境に、総合アパレル企業として扱う商品分野を広げていった。

ワールドは自社の商品だけを扱う「オンリーショップ」制を導入し、スカートやシャツなどをバラバラに並べるのではなく、全身をコーディネートして消費者に提案する売り方を実施した。

１９７０年代から続くデザイナーズブランドの人気が頂点を極め、１９８０年代はＤＣ（デザイナーズ＆キャラクターズ）ブームが到来。東京コレクションが初めて開催され、「ビギ」や「ニコル」などの国産ブランドに若者が熱狂した。大手百貨店やファッションビルのセールに前日から徹夜で並ぶ若者の姿がニュースとして度々取り上げられた。

バブル期には、体のラインを強調するぴったりとした服が「ボディコンシャス（通称ボディコン）」と呼ばれ流行。自社商品を着こなすモデルの役割も兼ねた販売員が「ハウスマヌカン」と呼ばれ、人気の職業になった。

三陽商会は１９８０年にバーバリーとのライセンス契約を更改し、今度は20年の長期契約を結んだ。１９８４年にはビギの人気デザイナーだった菊池武夫がワールドに移籍し、大きな話題となる。

バブル崩壊がすべてを変えた

アパレル業界がこの世の春を謳歌した時代はここで終わる。大きな転機となったのが、1990年代前半のバブル崩壊による景気低迷とデフレの深刻化だ。これまでのような売り上げが維持できず、対応策としてコスト削減のための中国生産シフトが加速した。象徴的な動きが、SPA（製造小売業）の台頭だ。

ワールドは1993年、初のSPAブランド「オゾック」を発表。当時10〜20代だった団塊ジュニアの女性をターゲットとし、手頃な価格と流行を押さえたデザインで心をつかんだ。オゾックの特徴は、販売データをPOS（販売時点情報管理）システムで収集し、週単位でMD（マーチャンダイジング＝商品政策）を立てる「52週MD」と、柔軟な追加生産体制（クイックレスポンス）を確立したことだ。

ただ、こうしたSPAはあくまで「大手アパレルが抱えるブランドの一部」であったため、ユニクロのように規模を追うこともできず、客層の高齢化とともに立ち上げ当時の勢いを失っていく。

1990年代後半のファッションの流行としては女子高校生の制服ブームやルーズソッ

クス、ズボンの腰穿きなどが挙げられる。過去との大きな違いは「どんなブランドの洋服を着ているか」ではなく、「洋服をどんなふうに着こなすか」が重要視されるようになったことだ。

1900円のフリースで「SPAの時代」が幕開け

1990年代後半からはユニクロの時代だった。1900円のフリースが大ヒットを記録。それまで1万円以上するのが当たり前だったフリースを価格破壊すると同時に、SPAがアパレル業界を主導することとなった。

ここからアパレル業界の二極化が加速する。外資系の高級ブランドは日本のアパレル企業や百貨店とのライセンス契約を打ち切り、自ら日本市場を開拓するため、大都市圏に相次いで旗艦店を開業した。

2000年代もバブル崩壊のショックから抜け出せず、日本経済全体にデフレが暗い影を落としていた。2000年に大規模小売店舗法が廃止されると、郊外を中心に大型ショッピングセンター（SC）が出店を拡大。ユニクロの成功を見たアパレル各社が「より速く、より安く」という商品作りを強化し、海外生産とOEM（相手先ブランドによる生産）メーカーへの依存を深めていった。

大量の在庫が発生したが、この頃、全国で開業したアウトレットモールがその受け皿として機能した。

一方、小売業界では景気の悪化に耐えきれず、大手企業の再編・淘汰が加速。百貨店業界で売上高トップになったこともあるそごうの破綻を皮切りに、総合スーパー大手のマイカルが民事再生法の適用を申請。かつて小売り日本一だったダイエーも２００４年に産業再生機構の支援を受けることとなった。

２０００年代後半にかけてデフレ傾向がさらに強まり、欧米発のファストファッションが急激に存在感を増した。２００８年、スウェーデンのH＆M（ヘネス・アンド・マウリッツ）が東京・銀座に1号店を開業すると、開店前から長蛇の列ができた。最先端の流行を取り入れながら低価格に抑えた商品構成は、デフレに慣れきった若者の心をつかんだ。

２０１０年代に迎えた限界

２０１０年から、現在につながるアパレル不振が表面化していく。同年、「ダーバン」など有名ブランドを抱える老舗アパレル企業のレナウンが、中国の山東如意科技集団と資

ユニクロが発売した1900円のフリースは、アパレル業界における価格破壊の象徴となった（1999年）

スウェーデン発のH&Mがファストファッション人気に火を付けた（2008年）

本業務提携を結び、実質的に傘下に入った。国内最大手だったこともあるレナウンの不振は業界に衝撃を与えた。

2013年にはバングラデシュで、欧米のファストファッション企業から仕事を請け負っていた縫製工場が崩壊し、多数の死傷者を出した。環境への負荷や劣悪な労働環境も踏まえ、ファストファッションへの批判が高まる。

2014年、三陽商会は約半世紀にわたって主力商品と位置付けてきた英バーバリーのライセンス権を失うと発表。2000年の契約更改時に20年間という条件で合意したが、高級路線を目指す本国と折り合わず、結果的に期間を15年に短縮され、ライセンス契約の再更改も実現しなかった。

これと前後して、オンワードホールディングス、ワールド、TSIホールディングスなど大手アパレルが大量のブランド・店舗閉鎖を発表。2016年には「ミッシェルクラン」や「ヒロココシノ」などを手掛ける老舗アパレル企業のイトキンが、国内投資ファンドのインテグラルの傘下に入った。

不振から抜け出せない日本のアパレル業界を尻目に、米国ではIT（情報技術）とアパレルを組み合わせた新しいビジネスが生まれ、花開いている。原価を顧客に開示するオンラインSPA「Everlane（エバーレーン）」などがその代表例だ。周回遅れの日本でも、他産業のようなＩＴ導入による革新が起き始めた。

半世紀にわたってアパレル・ファッション業界を見続けてきたＷＥＦの尾原は、米国のようにアパレル企業がＩＴや顧客視点を取り込み、ビジネスモデルを変革する必要性を強調する。

＝文中敬称略

INTERVIEW

ウィメンズ・エンパワメント・イン・ファッション会長

尾原蓉子（おはら・ようこ）氏

変わらなければアパレル業界は滅ぶ

アパレル不振の根源は、好調だった1970年代にあると指摘する。ITなどの活用で先行する米国の事例を示し、日本のアパレル業界の閉鎖性に警鐘を鳴らす。

――日本の衣料品（アパレル）業界が不振から抜け出せない理由はどこにありますか。

尾原蓉子氏（以下、尾原） 日本のアパレル企業は高度経済成長の始まりとともに流行の既製服を販売したことで急成長しました。

時期によって流行があり、価値が不安定と見られていた「洋服」をビジネスにしてみたら、こんなに利益が出るということを、この時期に知ったのです。デザインしたり、産地に行ったりして自分で商品を開発しなくても、海外の有名ブランドをライセンス契約で日本に持ってくればいい、というのが当時のビジネスでした。

１９７０年頃から、ブランドやデザインを輸入する動きが加速しました。利益が出て経営に余裕がある時期だったにもかかわらず、社内でブランドやデザイナーを育てたり、生産拠点を整備したりする努力をしませんでした。

国内の大手アパレル企業は社名とブランド名が別であることが多いですよね。〝単なる呼び名〟の域を出ないブランドが何百とありますが、それらはアパレル企業が百貨店などと有利に取り引きするための、いわば流通対策として生まれてきたものがほとんどです。

完全オリジナルで、企画やデザイン、生産まで社内で完結できるアパレル企業が国内に何社あるでしょうか。１９７０年代は日本のアパレル業界にとって黄金時代でしたが、今振り返れば「失われた10年」でもあった。本当の意味でのモノ作りやデザインに力を入れず、人材やブランドを長期的な視点で育てられなかったことが、現在に至る問題なのです。

ブランディングの意味を間違えた

――日本のアパレル産業は高い技術や高度な素材を持っていますが、欧米のブランドとは

圧倒的な差がついています。

尾原　ブランディングがいかに重要なのか、日本のアパレル関係者は全員、分かっていたと思います。日本の老舗企業ののれんが、どれだけのエネルギーによって生み出され、維持され続けているのか知っていますから。そういう素地があったにもかかわらず、戦後に米国式のマーケティングが入ってきて、宣伝やプロモーションによって商品が売れる経験をしました。

ブランドに想いを込めて、哲学やコンセプトを定め、ブランドに合わないことはやらないと突き詰めることで、ようやくブランドが維持できる。それなのに、露出や知名度を上げることだけに腐心し、目先の利益を追いかけ、百貨店内のいい売り場を取ることがブランディングだと考えてしまった。経済成長やバブル景気の時期と重なったので、そうした施策の効果を検証しなくても商品は売れ、ブランディングについて誤解したままになりました。

――効率化を目指して生産体制を整えたはずが、商品の同質化という問題を招いています。

尾原　１９９０年代に米国から「クイックレスポンス」という概念が入ってきた時、日本ではその真の意味と目的を理解せず、「売れ筋商品が出たら、すぐに似たような商品を作る仕組み」として広がってしまいました。それを実現するためには商社を介在させる必要があります。その結果、毎週木曜日に商社がアパレル企業の本社に集まって、来週に向けて何を作るか会議するのが、バブル崩壊後の景気低迷への対応策としてもてはやされました。

米国が国を挙げて取り組んだクイックレスポンスとは、サプライチェーン全体を短く、在庫を少なく、スピーディーに再構築して消費者のニーズに応えることが目的でした。そのためにIT（情報技術）をフル活用する業界全体の新システムが構築されたのです。

――アパレル業界はほかの産業の優れた点を学ぼうとせず、閉鎖的な印象を受けます。

尾原　例えば、キッコーマンやトヨタ自動車がどうやって世界を席巻する企業に成長したのか。アパレル業界は、こうした他産業の成功事例を参考にしません。ファストファッションに対しては「安易にデザインを模倣する」という批判もありますが、コストに対して非常に敏感な彼らのアプローチには正直、驚かされました。スペインのファストファッションブランドの「ザラ」はトヨタの生産システムなどを徹底的に勉強し、それをザラ流に再構築するという取り組みを1990年代からやっています。

国内のアパレル業界に国際的な感覚が乏しいことも問題だと思います。もちろん、パリやミラノに足しげく通っている人はたくさんいます。でも、それはデザインのアイデアを探しに行ったり、現地で何が売れているのか調べたりするリサーチに過ぎない。
日本人の仕入れ担当者も世界中を飛び回っていますが、これも買う側ですから立場が強く、こちらの意向が通るのは当たり前です。本当の意味でグローバル企業を目指すなら、難しくても売る側に回ろうとするはずでしょう。海外について、「商品を売る市場だ」という観点でとらえている人は今でも少ないですね。

顧客一人一人を見てきたか

――インターネットの普及は、消費者にムダなコストを押しつけるアパレル業界の悪習を見抜く力を与えたように思います。

尾原　アパレル業界がこれまで消費者不在でビジネスを進めてきた点も、懸念の一つです。顧客満足を徹底するならＩＴの活用は必須です。顧客の好みを把握したり、コストダウンによって商品価格を抑えたりするメリットが生まれるからです。
しかし、そのためにどんな技術があるのかということすら、知らない人が多いのが現実です。「我々は顧客志向です」と口では言いますが、どれだけの関係者が顧客一人一人の顔を見て商売をできているのでしょうか。

かといって、今のビジネスをそのままＩＴ化してもダメです。現存する仕組みに合わせて設計しても、負担の大きい複雑なシステムが出来上がるだけでしょう。ゼロから立ち上げなければいけません。

消費者は洋服の原価にいくらの利益が乗っているのか、値付けについて敏感に察知するようになっています。米国には、自社で製造販売する洋服の原価や諸経費を、ネットを通じて消費者に公開して支持を集める「Ｅｖｅｒｌａｎｅ（エバーレーン）」というオンラインＳＰＡ（製造小売業）があります。原価に敏感になった消費者の目線とＩＴを組み合わせれば、日本でもエバーレーンのようなビジネスを生み出すことは可能なはずです。

――日本のアパレル業界はどこへ向かうのでしょうか。

尾原　広義のファッションは「人を魅力的にする」という意味で非常に大事ですし、その価値は未来永劫、続くでしょう。ですが、刻々と変わる顧客のライフスタイルや価値観に、どうすれば寄り添い、選んでもらえる仕組みを作れるのかということを、アパレル企業は真剣に考えなければいけません。それができれば未来はありますが、変わらなければ滅ぶしかない。

日本の優れた点を再認識することも重要です。様々な産業が創意工夫を凝らして日本の強みを発信していますが、アパレル業界は「海外がお手本」と思い込んできました。着物を何度も仕立て直して着続けるとか、日本に古くからある創意工夫に対して、特に欧州の人たちが注目をしています。自然との共生を軸とした文化や考え方は、非常に21世紀的で、海外でも広く受け入れられるでしょう。

（インタビューは２０１６年11月に実施）

INTERVIEW

ファーストリテイリング会長兼社長
柳井正（やない・ただし）氏

もう、〝散弾銃商法〟は通用しない

アパレル不振の原因を「ムダに商品を作りすぎた」と看破する。米グーグルや米アマゾン・ドット・コムを将来のライバルと見るのは「服は情報」と定義するからだ。

――衣料品（アパレル）業界の不振の原因をどう分析しますか。インターネット通販などが急速に普及しており、消費者の変化も一因となっています。

柳井正氏（以下、柳井） 確かに、作り手や売り手より、消費者の方が数十段進んでしまったことが一因だと思います。「洋服」というぐらいなんで、やっぱり欧米ブランドの方がいい、という価値観がありました。そのブランド力のような無形価値に、消費者はお金を払ってきた。しかし今は、本当に付加価値があって、生活が豊かになる要素がないと服は売れません。うちも最近、あまり儲かってないんですけど（笑）。

僕は過去に「服もコンビニの弁当と変わらない」と発言しました。商品は商品ですから。その感覚が、アパレル業界の人に足りなかったんじゃないですかね。ファッションは特別なものではなく、ほかと同じようにお客様がお金を払って買う商品だという認識が足りなかった。

うちも昔はほかのアパレル企業から商品を仕入れて売る業態でしたが、あるアパレル企業を訪れた時に「商品は芸術だ」という標語が掲げてありました。それを当然として、世界の水準から見たらあまりにも高い価格で商品を売っていたんじゃないかなと思います。

――洋服が、普通の商品になったということでしょうか。

柳井　僕は「服は情報」だと思っています。世界に何人もいないような才能を持つデザイナーだったら、ライフスタイルの提案もできると思いますが、普通の日本のデザイナーは服について知らなすぎる。特に若いデザイナーの中には思い付きで服を作っている人が多い。それではダメですよ。日本のブランドには、価値観がないんです。今、我々は生活に密着した「ライフウエア」という言い方で、価値観を提案しています。

――価格に対する消費者の意識が厳しくなっています。「ユニクロ」も２０１４年頃から段階的に値上げして客離れが起きました。そして２０１６年には、価格を引き下げました。

柳井　価格改定は間違いじゃなかったと思います。為替が1ドル＝80円から1２0円になって、同じ価格を維持することはできないので値上げしました。けれどそれで売れなかった。買う方がシビアになっていた。そこでもう一回、円高になってきたので値下げしましたが、これも正解だったと思います。ただ、やっぱり客数は増やさないとダメですね。これは回復したとは言えないし、途上です。

「いいブランドなら売れる時代」は、終わった

――世界的に見ると、ユニクロがかつて手本にしていた米ＧＡＰ（ギャップ）は低迷しています。ユニクロも含め、ＳＰＡ（製造小売業）のビジネスモデルは曲がり角に来ているのでしょうか。

柳井　いいブランドなら売れるという時代は終わりました。もう情報化時代ですよ。まず

国を越えて人の行き来が盛んになって業界の差もなくなった。我々は商品を企画して製造して販売する業態ですが、今度は情報を商品化するという新しい業態に変わらなくてはいけない。インターネットを見たら世界中の情報が入ってきて、しかもそれをＡＩ（人工知能）で全部分析できる時代ですからね。その胴元が米アマゾン・ドット・コムとか米グーグルです。だから彼らはアパレル業界に入ってきていますし、必ず次のメーンプレーヤーになる。近い将来、大きな競争相手になるでしょう。

ただし、彼らは服の専門家ではないから、それだけに専念できない。そこで勝つためにどうしたらいいか、ということを我々は考えています。彼らのように情報を集めた上で、我々は専門家として服を作っていく。

それも、世界中の情報を集めて作る必要がある。イスラム教徒向けの商品やアジア向けの低価格商品などを手掛けているのはそのためです。（仏デザイナーの）クリストフ・ルメール氏など、フランスのハイエンドファッションを知っている人たちとも一緒に商品を作っています。そういう情報を集めることが本当は必要な業界なんです。企画、生産、販売のすべてをいかにうまくコントロールして、いい商品を作っていくかという競争になっているんですから。

――東京都江東区に大型の戦略拠点を設けました。顧客の注文を受けて商品を作り、短期間で届ける仕組みを作るのでしょうか。

柳井　そうですね。最終的にはそういうふうになると思います。どこかの国の人が、どこかの国の工場に直接注文して、それが生産期間を含めて1週間から1カ月の間に届くみたいな。普通の服がそうなるということです。

――そうなればセールで値下げ販売しなくて済みます。

柳井　アパレル業界は50％ぐらいムダな商品を作っているらしいですよ。そういったムダなコストも全部、正規の価格に乗っている。我々も含めて、本当はもっとライフルのように的を射抜かないといけないのですが、現状はそれだけ当てずっぽうに弾を撃っているんです。散弾銃みたいに。

だからこの業界は、本当の値段が何なのか分からなくなって、付加価値の割にマージンを取りすぎてきた。色々なコストがかかるので、マージンが高くないとやっていけないんです。お客様のニーズをとらえたいい商品がそんなにたくさんあるとは、僕には思えないんですよ。

――国内では不振ブランドの整理が進んでいます。御社も過去には婦人服販売のキャビンを買収しましたが、うまくいきませんでした。再編機運は再び、高まるでしょうか。

柳井　いい相手がいないと再編できないでしょう。キャビンは難しかったですね。多くの店を潰しましたよ。買収は国内でも海外でも難しい。根本的な考え方が違うので。我々は本当に努力して自分たちで企画して、作って、売ろうと考えています。でも、「ちょっとしたアイデアで色々やったら、そのうち当たるんじゃないか」と思っている企業が多いので、考え方が合いません。思想が違うというよりも、昔の古い習慣通りにやろうとしているように見えます。それではもう、拡大再生産できないのに。

帽子も靴も、服飾関係は全部やる

柳井　我々は今後、服飾関係は全部やろうと思っています。既存の事業の中で、帽子も手掛けるし、靴もやっていく。（低価格衣料品チェーンの）「ジーユー」では既に本格的に始めています。価格帯についても、ユニクロより上は、「セオリー」とか「プラステ」などの別ブランドで全部やります。我々はこれからも、独自の技術を持つ人たちと様々に協力していきます。技術を持っている人には是非、協力してもらいたいと思います。じゃないともったいないですよね。商品を作らないと、優れた技術も廃れてしまうんですから。

――生産体制に目を向けると、これまでは中国での集中生産がコスト削減に貢献してきました。しかし、今では人件費の高騰や人手不足から「チャイナプラスワン」の必要性が高まっています。

柳井　中国の人件費はこれからも上がっていくでしょう。我々は軽工業ですが、雇用の中心は半導体とかコンピューターのような、より付加価値の高い産業に変わっています。ただ、それでも「チャイナプラス多数」という現状は変わらないでしょう。色々な国を探しているのですが、中国ほどきっちりと商品を作る国はなかなかない。ベトナムぐらいかなと思いますが、一国では吸収できないので、カンボジアとかバングラデシュとかインドネシアとか、今はインドでも何件か取り引きし始めました。

中国の工場経営者たちがベトナムやカンボジアに出資して工場を造っています。我々が取り引きしている経営者も、中国の限界を知っているわけです。中国人だけじゃなく、韓国人も台湾人も、ベトナムやカンボジアに行っている。米国のアパレル企業はアフリカ沿岸へ、欧州企業もトルコ経由でアフリカ沿岸や東欧に行っている。

世界中からいい工場といい経営者を探し出し、質の高いサプライチェーンを作る競争になっています。最後はやっぱり工場経営者の経営力です。そういう人と長期的に組まないと、安いからと毎回違う工場で作っていたら品質が良くなりません。同じ工場や経営者と付き合い続けて、互いに成長していくことが必要だと思います。

国内生産はできません

――アパレル業界の国内生産への回帰の動きは本格化すると考えますか。

柳井　日本には技術はあるんです。昔、日本は繊維の世界最大の輸出国だったので、その技術はいまだに残っているんだけれど、消えかかっています。しかも100人とか200人の小さな工場で、働いているのは年配の人ばかりです。だとしたら、我々が国内工場で製造するのは難しいんじゃないですかね。グローバルで服のビジネスをやろうと思ったら、世界中に出ていって、企画して、商品を作って、売るというすべてをやる必要がありますから。

繰り返しますが、国内生産はできません。日本でできるとしたら企画ですよね。もちろん、デザイナーさえいれば服が作れるわけではありません。工場経営者とか、パタンナーとか、生地作りや縫製をどうするか、これらを詳しく知っている人たちでチームを作らないと服は作れない。そういうチームを国内で一緒に作って、新しく日本発の企画でやっていきたいな、ということです。

――アパレル販売員は若い世代に「使い捨て」の代名詞のようにとらえられつつあります。ユニクロで正社員化を進めたのは、こうした業界の慣行に対するアンチテーゼですか。

柳井　そうです。長く働き続けることができて、単純労働から知識労働に変わらない限り、企画製造小売業は付加価値を高められない。店のサービスも同じです。それには何年もの経験がいりますから、蓄積していかないといけない。だったら、それはパート社員とかアルバイトよりも正社員の方がいいですよね。

我々は世界中に進出しています。販売員として入った人が店長になり、いずれは各国の社長や財務、マーケティングなどの幹部になるような流れを作っていきたいですね。

（インタビューは２０１６年８月に実施）

第3章
消費者はもう騙されない

PART 1 アパレルの墓場に見た業界の病巣

既得権益や業界内の〝内輪の論理〟にとらわれて身動きが取れなくなった様々な産業が大きな脅威に直面している。「ディスラプター（破壊者）」と呼ばれる新興プレーヤーたちが外から参入しているからだ。特に米国ではディスラプターの勢いは日に日に増す一方だ。

ライドシェア「Ｕｂｅｒ（ウーバー）」の台頭はタクシー業界の勢力図を塗り替えた。民泊サービス「Ａｉｒｂｎｂ（エアビーアンドビー）」によってホテル業界は大きな変革を迫られている。インターネットを駆使し、業界の「外」からイノベーションを起こす新興プレーヤーが、世界を変え始めている。そして、この流れはアパレル業界にも到達している。

売り場を持たず、中間業者を極力省いて洋服のコスト構造を透明化したオンラインＳＰＡ（製造小売業）や、新商品を売るだけでなく、それを再び買い取り、中古販売するインターネット通販事業者など。新興プレーヤーは消費者の利益を最優先に、商品やサービスの質を磨く。〝内輪の論理〟を優先し、消費者のメリットを後回しにしてきた既存のアパレル企業とは大きく異なる。

たかがベンチャーとあなどるなかれ。彼らの存在は、国内外で既に無視できないほど大きくなっている。

全米2店舗で30億円以上の売り上げ

ファッションブランドの路面店が軒を連ねる米ニューヨークのソーホー地区。華やかなショーウインドーに挟まれた雑居ビルに、30代前後の女性が次々と吸い込まれていく。外に看板はない。

エレベーターに乗って5階で降り、洋服のサンプルなどが無造作に置かれたオフィスを抜けると、ようやく店舗が現れる。ここが、米国はもとより、日本でも注目を集める新興アパレル企業「Ｅｖｅｒｌａｎｅ（エバーレーン）」の店舗だ。

次々に訪れる客は、店に着くと「ネットで見た黒のスプリングコートを試着したい」などと店員に告げ、すぐに試着室に入る。

グループで来店する客も多く、1時間に4～5組、午前11時～午後7時までの営業時間内に、平均で40組ほどが訪れるという。時間帯によっては小さな店内が客でごった返し、たった2人の店員では対応が間に合わない様子だ。

扱う洋服は、どれも白や黒、グレーなどのモノトーンを中心とした色でベーシックなものばかりだ。婦人服、紳士服に加え、バッグや靴などのファッション雑貨も扱う。2015年からは子供向けの服や雑貨も販売し始めた。価格帯は、シャツが1着60〜90ドル（約6600〜9900円、1ドル＝110円換算）、ワンピースであれば80〜140ドル（約8800〜1万5400円）程度だ。

エバーレーンの店舗は、ニューヨークとサンフランシスコの2カ所のみ（2017年1月時点）。あくまでショールームの役割で、店内に在庫はない。店頭で購入する場合、客はタブレット端末でエバーレーンのサイトにログイン。購入手続きもすべてウェブ上で完了させる。店舗にレジはない。

購入した商品は、ニューヨーク市内にある倉庫から、早ければ2〜3時間で自宅などの指定した場所に届けられる。普通なら洋服を買った客は、ブランド名が付いた大きな紙袋を提げて店から出るものだが、そんな客はエバーレーンにはいない。

オンラインSPAという破壊者

エバーレーンは、「オンラインSPA」と呼ばれる新しい業態だ。店舗や中間業者、大規模な宣伝広告といった、これまでのアパレル業界で「あって当然」「やって当たり前」だったことをなくしている。商品は小規模ロットで完全に売り切ることを前提とし、在庫は極力持たない。そのため売れ残った商品の大規模セールもせずに済む。マーケティングはSNS（交流サイト）を駆使する。卸売りもほとんどせず、ネットを通じて直接、商品を消費者に届ける。

従来のアパレル企業は、春物、夏物など、季節ごとに商品を企画・販売し、シーズンが終わると在庫を大幅に値下げして売り切る。しかしオンラインSPAは、こういったシーズン制にとらわれず、コンスタントに商品を発売する。出店を抑え、広告宣伝をやめて浮いた資金は、商品の素材やデザイン、顧客サポートといった、アパレル企業が最も大事にすべき部分に投下。質の高い商品を、適正な価格で販売する。

ただ安いだけの商品ではなく、納得できる価格の商品を提供するオンラインSPAの姿勢は、ミレニアル世代（1980年代から2000年代初頭に生まれた世代）を中心にファンを増やしている。フェイスブックやインスタグラム、ツイッターなどのSNSを積極的に使い、宣伝しているのも大きな特徴だ。

SNSを中心としたマーケティングは、ミレニアル世代の顧客との結びつきを高めるだけでなく、マスメディアを活用した宣伝にかかっていた多額の費用を削減するのにも一役買っている。

またオンラインSPAの中には、発売前の商品をSNSや自社サイトで積極的に公開し、需要を予測する企業もある。例えばエバーレーンの場合、自社のサイト内に「Coming Soon（予告）」コーナーを設置。新商品の発売予定日と価格を明記し、「WAITLIST（ウエイティングリスト）」ボタンを付ける。欲しいと思った利用者がクリックすると、「You're on the list! We'll notify you when this product is available.（受け付けました。商品が入荷次第お知らせします）」と表示され、商品の発売開始と同時にエバーレーンからの通知を受け取ることができる。利用者はウェイティングリストボタンをクリックして発売開始を待ち、エバーレーン側はそのクリック数によって、発売前の商品がどれだけ売れそうか予測する。

オンラインSPAのビジネスモデルを米国で築いたのは、2010年に創業したオンラインメガネブランド「Warby Parker（ワービーパーカー）」と言われる。メ

従来のアパレル企業とオンラインSPA（製造小売業）のサプライチェーンの違い

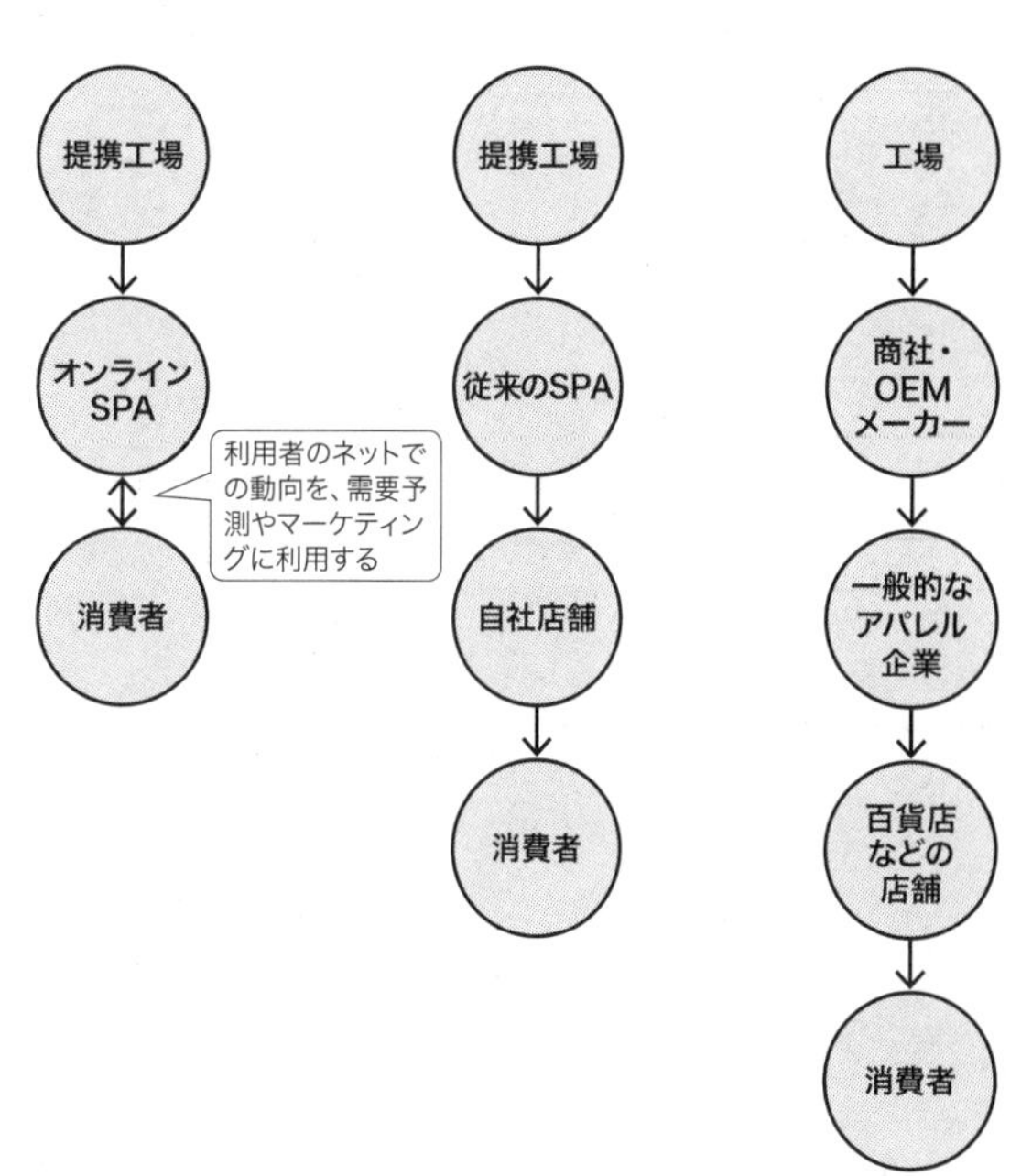

インターネットの普及で企業と顧客の距離が縮まり、サプライチェーンがよりシンプルになった

ガネの価格が高い米国において、デザイン性の高いメガネを、ネットを使った直販で安く消費者に届けるモデルを構築した。

ワービーパーカーの登場以降、米国ではオンラインSPAが続々と登場。現在ではベッドのマットレスをネット直販する「Casper（キャスパー）」も人気だ。

生産過程をすべて開示するエバーレーン

エバーレーンは、CEO（最高経営責任者）のマイケル・プレイスマン氏が25歳の時に、当時勤めていたベンチャーキャピタルを辞めて、2010年に創業した。プレイスマン氏は自分が着ている洋服が、原価の8倍もの値段で販売されていることを知り、驚いたという。アパレル業界の構造は、インターネットなどのテクノロジーを使えば変えられると思ったことが、エバーレーン創業のきっかけになった。本社の所在地は、グーグルなどIT（情報技術）企業の社員が多く住んでいるサンフランシスコのミッション地区だ。

エバーレーンは生地や縫製、流通のコストがいくらで、どれくらいのマージンを取っているかといった、従来のアパレル企業が明らかにしたがらなかった情報を、サイト上で明示している。

例えば141ページの写真のカットソーは1枚当たり、生地代が16・81ドル（約1849円）、人件費が7・59ドル（約834円）、関税が1・79ドル（約196円）。その他費用を合計して原価は28ドル（約3080円）。これに40ドル（約4400円）のエバーレーンの儲けを上乗せし、68ドル（約7480円）で販売する、といった具合だ。サイト上には、「伝統的なブランド」だと同じ商品が140ドル（約1万5400円）で販売されているということも併記されている。

カットソーが中国・杭州市の工場で作られたことも分かる。工場の詳細を商品ページから閲覧でき、場所や内部の様子など、製造過程の詳しい情報も紹介。働く人々の労働条件に配慮を怠っていないことをアピールする。

こうした透明性は、商品のコスト構造を見せることに留まらない。2016年10月には、カシミヤニットの価格を前年の125ドル（約1万3750円）から100ドル（約1万1000円）に下げると決めた。その際、プレイスマン氏は会員向けのメールマガジンにこう書いた。

> カシミヤは非常に高級な素材として知られています。一方、カシミヤは価格流動性の非常に高い素材でもあります。素材の価格が跳ね上がれば、商品

価格を上げるのは当然ですが、素材の価格が下がれば商品価格を下げるのも当然です。にもかかわらず、既存のアパレル企業は、素材の価格が下がってもそれを商品価格に反映せず、利益としていたのが常でした。私たちは、そのやり方は消費者に対して、誠実ではないと感じています。今年カシミヤの価格は16%下落しました。昨年125ドルだったカシミヤのセーターを今年は100ドルで提供します。私たちは素材の価格変動にもしっかりと対応します。これこそが徹底した透明性なのです。

利益の使い道を明示してファンを増やす

徹底した透明性は、エバーレーンに大きな価値をもたらしている。顧客なら誰もが知りたいと思うことを、シンプルに示してファンを増やしているのだ。

「価格に嘘はないか」「品質に嘘はないか」「デザインは喜ばれるものか」「商品の見せ方や購入方法はスマートか」――。企業の問題意識そのものが、大量生産、大量供給というビジネスモデルで商売してきた既存のアパレル企業に対するアンチテーゼとなっている。

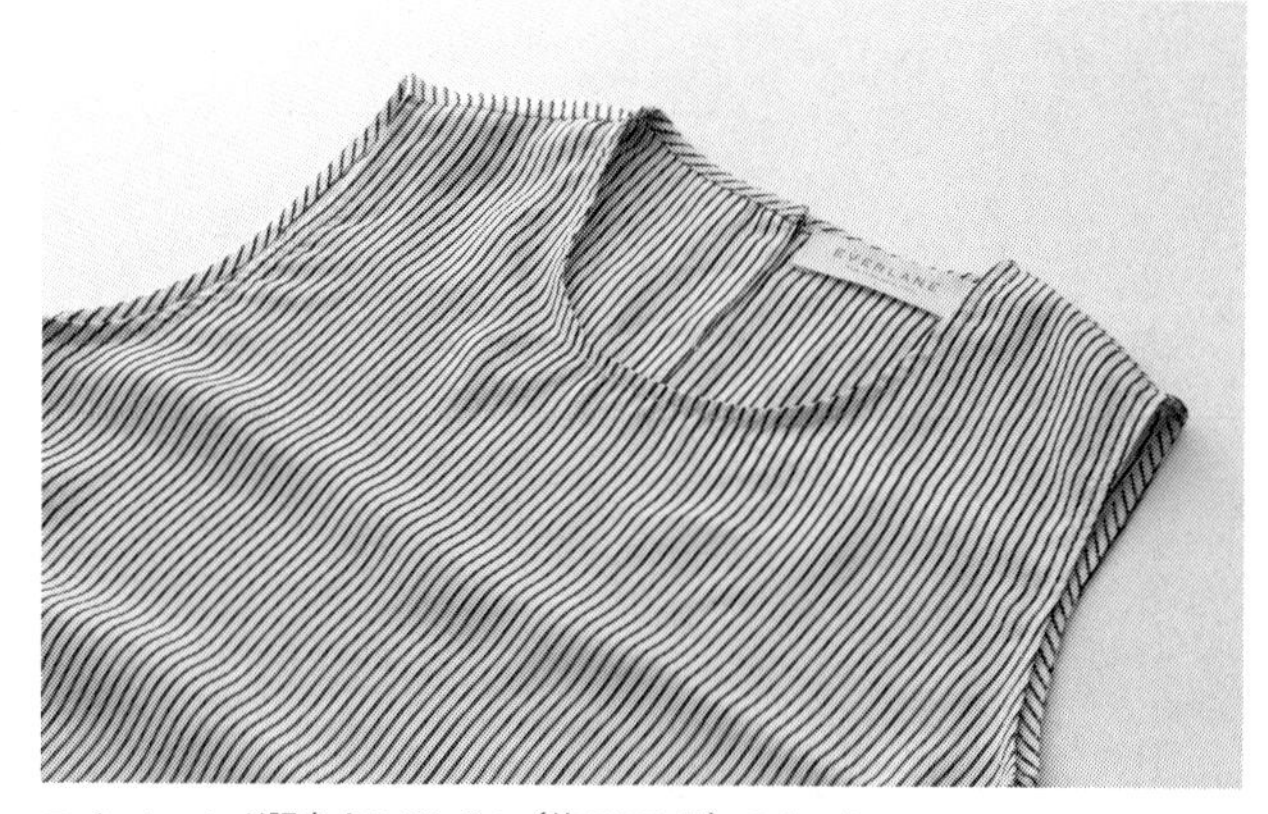

エバーレーンが販売する 68 ドル（約 7480 円）のカットソー

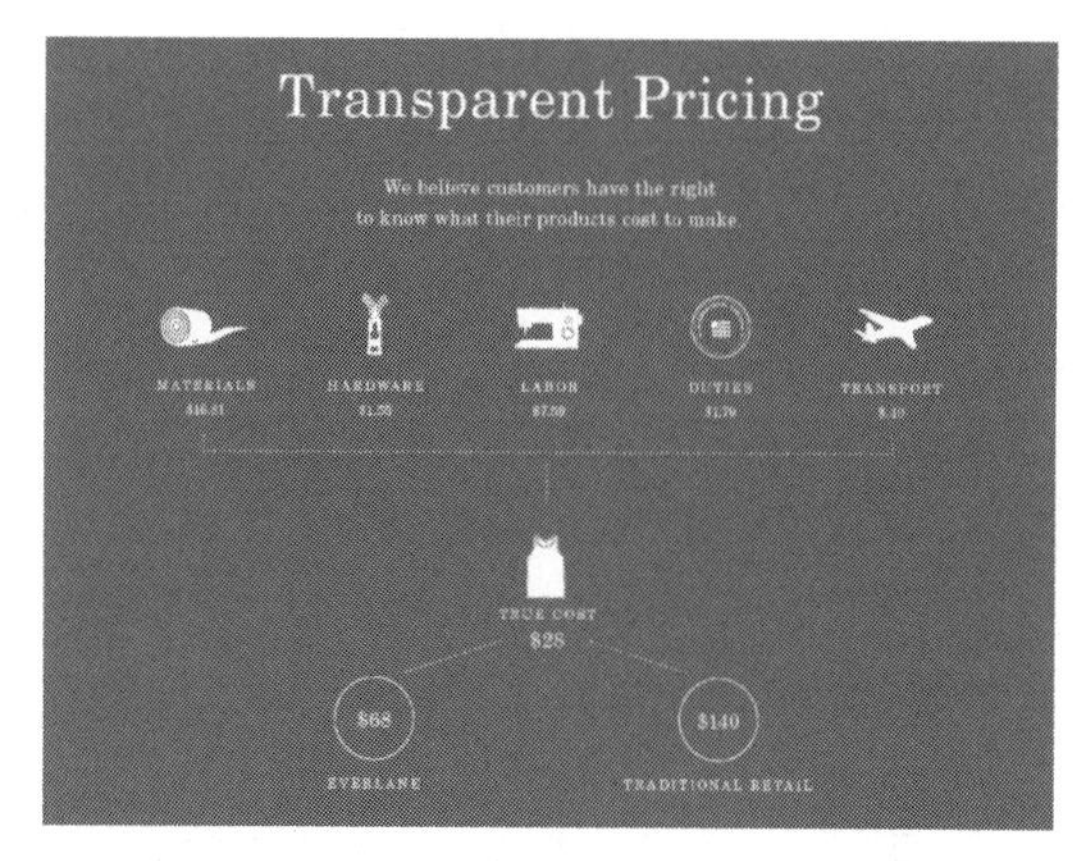

写真のカットソーの原価構造を分かりやすく表示（エバーレーンのサイトより）

エバーレーンの姿勢を象徴する売り方をもう一つ紹介しよう。

年の瀬が迫った2016年12月27日。エバーレーンが展開したマーケティング手法が、業界で大きな注目を集めた。顧客に一通のメールが届いた。タイトルは「Not a Sale-Better（これは「お得なセール」なんてものではありません）」。メールにあるリンクをクリックすると「Choose What You Pay（いくら支払うか、あなたが選んでください）」と表示される。説明にはこう書いてある。

> 私たちは、デザインすることが好きすぎるあまり、時々、商品を作りすぎてしまいます。需要予測は日を追うごとに正確にできるようになっていますが、それでもいくつかのアイテムは在庫として残ります。そこで私たちは、それらの商品について、あなたに値段を決めてもらうことにしました。

商品をクリックすると、3つの価格が並ぶ。例えば、135ドル（約1万4850円）で売っていたトレンチコートは、95ドル（約1万450円）、108ドル（約1万1880円）、122ドル（約1万3420円）。それぞれの価格の下には、それが何に支払われるかが示されている。95ドルであれば、エバーレーンに利益は一銭も入らない。108ド

エバーレーンの商品を製造するベトナムの工場の様子をサイト上で公開する（エバーレーンのサイトより）

エバーレーンが 2016 年末に打ち出した「Choose What You Pay」キャンペーン。3 つの価格が示されている（エバーレーンのサイトより）

ルなら13ドル（約１４３０円）、１２２ドルなら27ドル（約２９７０円）の利益がエバーレーンにもたらされる。１２２ドルで買うと「物流費や人件費のみならず、私たちが今後さらに成長するための資金までいただけることになります！　ありがとう！」と表示される。

従来のアパレル企業へのアンチテーゼはこれだけに留まらない。米国では11月の第４木曜日が感謝祭で、翌日は「ブラックフライデー」と呼ばれる。年末商戦がスタートし、小売業に莫大な黒字をもたらすからだ。同社は２０１６年のブラックフライデーの売り上げを、ニット製品を生産するベトナム工場の支援に回すと発表した。

ベトナムでは、多くの人がバイクに乗る一方で、ヘルメットを着用するドライバーは少ないといわれる。エバーレーンは、工場の雇用者８０００人にヘルメットを寄付。「彼らに安全な『帰り道』を提供する」と発信したのだ。

エバーレーンは売上高や会員数を公開していないが、米企業調査会社プリブコによれば、２０１５年の同社の売上高は３５００万ドル（約38億５０００万円）。会員数は１００万人以上と言われる。

米高級専門店チェーン、バーニーズ・ニューヨーク幹部のマシュー・ウールシー氏が、２０１５年の米国小売業大会で語った言葉は、そのままエバーレーンに当てはまる。

「ミレニアル世代にとってのラグジュアリーは、どこで作られたか、どのように作られたかに価値がある。ブランドの名前よりも質、職人技、信頼性が、はるかに大切になっている」

時代のニーズを敏感に感じ取り、顧客を増やしているのがエバーレーンなのだ。

「一等地に店を持つ必要はない」

ニューヨークにオフィスを構える「M．M．LaFleur（エムエムラフルール）」も、アパレル業界のオンラインSPAとして成長している企業の一つだ。2013年にスタートし、単にネットで販売するだけでなく、商品を数点合わせたセットを定期的に送るサービスも提供している。エバーレーンと同じく、店舗は補完的な位置付けだ。

「店舗はサロンのような役割。ネット通販の購買履歴を活用し、顧客の嗜好を理解した上で接客する方が、我々にとってもお客さんにとっても効率的。一等地に店を持つ必要はない」（エムエムラフルールのサラ・ラフルールCEO）という。

デザイン開発とカスタマーサービスに徹底的に投資しており、「市場に出る同様のクオリティーの商品に比べて、販売価格は半分以下で、顧客メリットを最大限高めている」

（ラフルール氏）。

チーフデザイナーのミヤコ・ナカムラ氏は、米ファッションブランドのデザイナーを経て、同社に参画した。「生産過程で実施するフィッティングは、メガブランドでも数回しか行わないが、ここでは多い時で20回以上。それくらい丁寧に作っている」と話す。

そもそも、フィッティングの数を減らさざるを得ないのは、決められたシーズンに合わせて、ある程度の数量を開発しなくてはいけないという〝締め切り〟があるためだ。シーズン制にとらわれなければ、納得のいくまで商品開発に時間と手間を割ける。

ラフルール氏はこう語る。「ファッションは、ファッションショーのためにあるのではない。ショーに間に合わせるための商品作りはしたくない」。新しい商品は出来次第、次々と発表する。従来の商習慣を疑い、消費者にとって適切なタイミングで商品を提供する体制でモノ作りを行う。例えば、多くのブランドの店頭では8月になれば秋冬物が並ぶ。しかし「それはアパレル企業側の論理。8月ならまだ半袖を着たい人の方が大半でしょう」（ラフルール氏）。

同社は着実に顧客を増やし、今では1回の買い物で10万～20万円を費やす人も多いという。

エムエムラフルールのフィッティングの様子。商品はすべて独自にデザインする

オフィス横に設置された狭いスペースがエムエムラフルールの店舗だ

「セールは、価格設定が誤っていることの証左」

靴の分野でもオンラインSPAが登場している。その代表格が「GREATS（グレイツ）」だ。ライアン・バベンジンCEOは、2013年にグレイツを創業。それまで独プーマのマーケティング幹部などを務めていたが、商品の開発期間に疑問を抱いていた。「開発に着手してから1年ほどかけてようやく市場に出る商品がほとんど。ファッションショーに合わせたり、店舗に供給したり、あらゆる慣習が商売の障壁になっている。これが、時間も生産量も膨らませている要因だ」（バベンジン氏）。

グレイツでは、イタリアと中国の工場をメーンに、世界各国から素材を仕入れる。販売価格は、「他社の同等品質の商品と比べて半分以下」（バベンジン氏）。発売は2週間に1回程度で、数分で完売するものもある。バベンジン氏は「従来型のセールはしない。第一、セールを実施するということは、元の価格設定が誤っていることの証左だ」と切り捨てる。

バベンジン氏は、米国発のオンラインSPAの潮流を「ファッションの民主化」と見る。「高級ブランドの定義が崩れ始めている。販売価格の大部分が、過剰な流通コストやブランド料で構成されていることに、消費者は気付いた。よりフェアなビジネスが求められる

グレイツの靴の販売価格は 150 ～ 200 ドル（約 1 万 6500 ～ 2 万 2000 円）

オリジナル製品を 2 週間に 1 回程度発売する。靴のソールもオリジナルだ

ようになり、ファッションの民主化が起きた」(バベンジン氏)。

売上高は2014年から年率200%増の勢いで伸びているという。2015年12月には日本のセレクトショップ大手、ユナイテッドアローズとコラボレーションした商品も出した。

「大切なのは体験。顧客は単にものを買っているのではなく、感動を買っている。今のメガブランドの商習慣や販売方法は、非合理だ」(バベンジン氏)

「安さ」ではなく「価格の妥当性」が重要

オンラインSPAが人気を博するのは、安く商品を提供しているからではない。例えば、グレイツの商品であれば、レザーの靴が149ドル(約1万6390円)、エムエムラフルールであればニットが165ドル(約1万8150円)と、価格だけ見れば決して安いとは言えない。

不要なコストを省き、その分を商品開発やデザイン、顧客サポートに費やす。それがフェアであり、あるべき姿なのだと消費者に示す。この姿勢が彼らのブランド価値になっている。つまり彼らが示すのは、「安さ」でなく「価格の妥当性」の大切さだ。

「顧客は騙せない。適正な価格と価値を示さなければ離れていく」（バベンジン氏）という言葉は、従来型のアパレル企業にとっては耳の痛い話かもしれない。オンラインＳＰＡの台頭によって、消費者はアパレルの販売価格の中に、企業側の都合によって積みあがったコストが多分に含まれることを知った。消費者はもう「安い」だけで財布のひもを緩めない。見ているのは、その中身だ。

オンラインSPA（製造小売業）が登場した背景には、人々がインターネットでものを買うことに抵抗がなくなってきているという変化がある。ほかの小売りチェーンと同様、必ずしも「店舗」が必要ではなくなっているのだ。

米アマゾン・ドット・コムが日本に上陸したのが2000年。同時期に、一つのインターネット通販が日本で産声を上げた。スタートトゥデイが運営する「EPROZE（イープローズ）」だ。書籍でさえネット通販が当たり前ではなかった時代に、同サイトでは、「カタログ通販をオンラインに置き換える」ことにチャレンジした。これが、後に衣料品（アパレル）ネット通販で最大の規模を持つ「ZOZOTOWN（ゾゾタウン）」に発展する。

ゾゾタウンの年間売上高は763億9300万円（2017年3月期）。この売り上げ規模は、阪急阪神百貨店の婦人服の売上高を上回る。取り扱いブランド数は約3900、一年に一度でもゾゾタウンで購入をする利用者は630万人以上（2017年3月時点）。サイト内の年間流通金額は2000億円を超えた。名実ともに、国内トップのアパレルネット通販に育っている。

百貨店ではアパレルの販売不振による業績低迷が続く一方、ゾゾタウンはアパレル不振とは無縁だ。時価総額は8039億4600万円で、三越伊勢丹ホールディングスの約1・5倍。高島屋と比べれば2倍以上の価値がある（2017年2月13日終値ベース）。

成長の原動力は、消費者のニーズと、出店するアパレル企業の声を反映したサイト作りにある。

2006年には自前の物流施設を立ち上げ、そこでゾゾタウンに出品する商品の撮影や検品、梱包を実施してきた。すべての洋服のサイズを測り直し、自主基準のサイズを掲載。これによって、消費者は異なるブランドの商品でも、簡単にサイズを比較できるようになった。

挫折もバネに変えてきた。2012年当初、「送料が高い」とSNS（交流サイト）のツイッター上でつぶやいた顧客に対して、スタートトゥデイの前澤友作社長は「タダで商品が届くと思うな」という主旨の返信をした。前澤氏本人は、行きすぎた顧客中心主義に疑問を呈したつもりだったが、この発言がネット上で炎上し、非難が集中した。その後、前澤氏は謝罪し、送料の完全無料化を実施（現在は廃止）。即日配送にも着手し、再び株価を上昇気流に乗せた。

２０１３年には、商業施設との摩擦も起こした。火種は同社がリリースした「ＷＥＡＲ（ウェア）」というアプリにあった。このアプリでは、商業施設に入るブランドの売り場で商品のバーコードをスキャンすると、その商品をゾゾタウンで購入できた。普段はネット通販を利用する消費者が店頭に足を運んでくれるならと、パルコなど一部の商業施設はこのアプリに賛意を表明。ゾゾタウンとタッグを組んで普及に乗り出した。

だが、パルコのような好意的な企業は一部に限られた。大半の商業施設では、「売り場がショールームとして使われる」と警戒。店頭でのカメラアプリの起動を来店客に禁じる対策に乗り出した。

結局、アプリのリリースから6カ月後には、バーコードスキャン機能を排除し、方針を転換。コーディネートを投稿する機能を基軸とした。ダウンロード数は９００万を超えている。

環境の変化や状況に応じた素早い経営方針の転換は「ピボット」といい、スタートアップ企業の成功の秘訣となっている。送料やバーコードスキャンなど、スタートトゥデイは数々のピボットを繰り返して成長を遂げてきた。

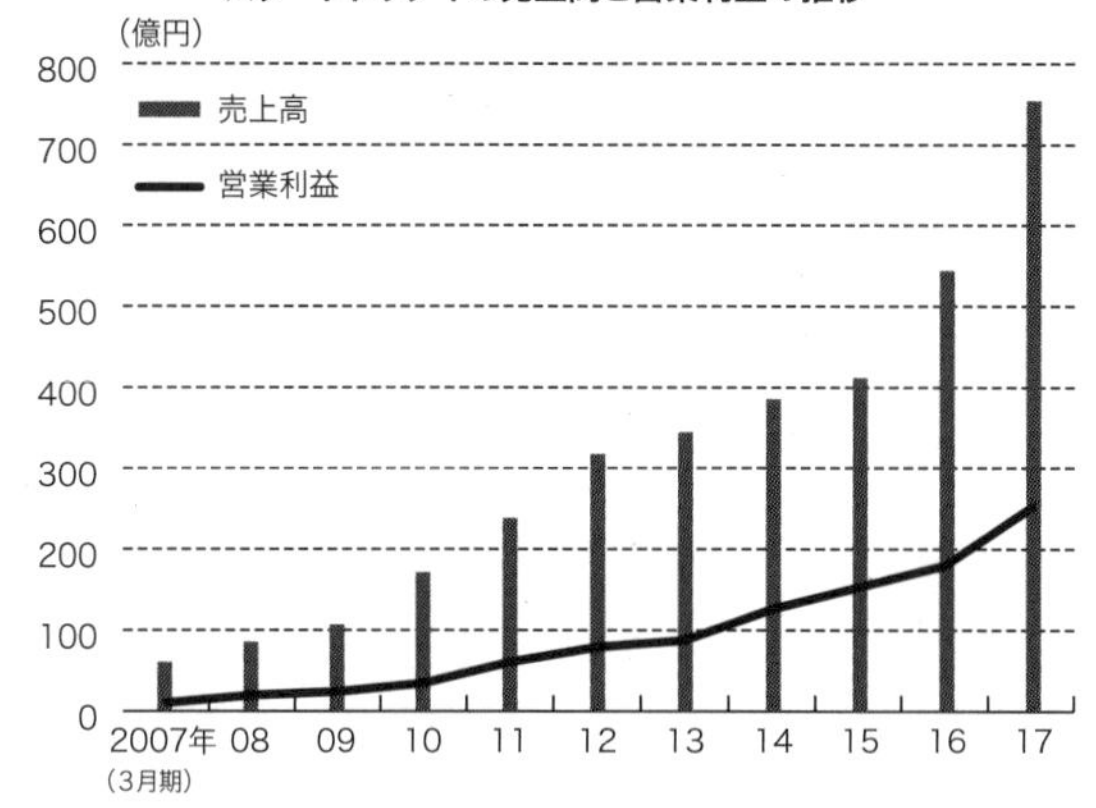

ゾゾタウンを運営するスタートトゥデイの売上高は 700 億円を超えた

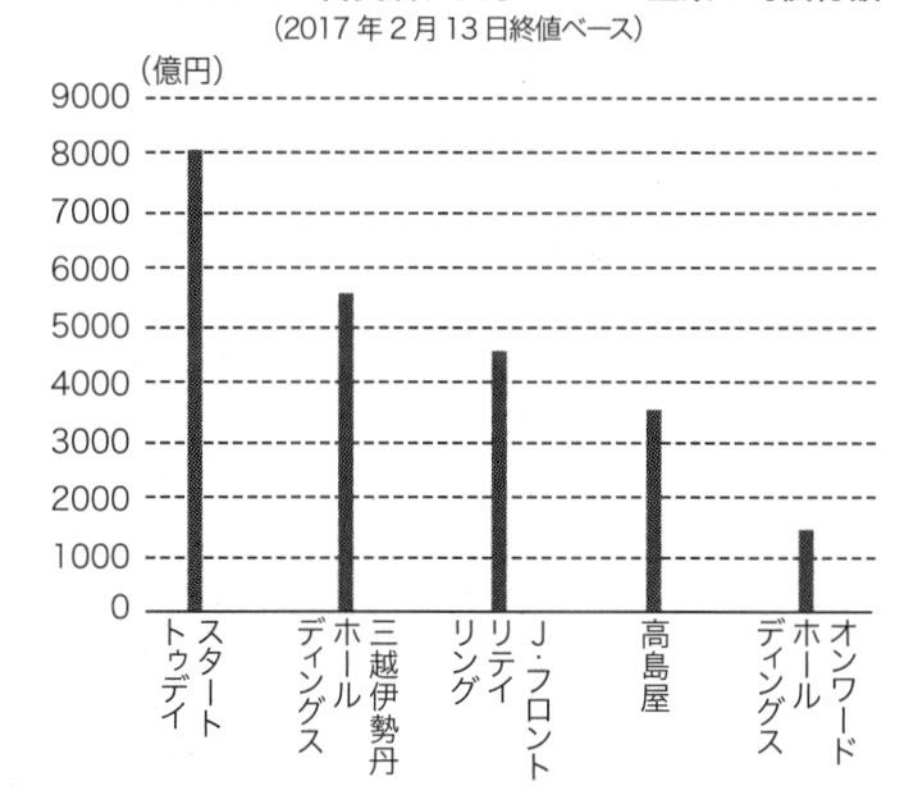

スタートトゥデイの時価総額は、大手百貨店の 1.5 倍以上になる

ゾゾタウンの強みは何か。利用者の視点で見れば、ブランドを横断して統一した基準のサイズで商品を比較できるため、郊外の広いショッピングセンター（SC）で、いくつものブランドを回るよりも買い物がしやすい。

一方でアパレル企業にとっては、百貨店に出すよりも収益面のメリットが大きい。スタートトゥデイとアパレル企業は、百貨店とアパレル企業の間で結ばれる「消化仕入れ」と似たような契約形態を導入している。アパレル企業はまず商品を、ゾゾタウンの倉庫に納品する。この段階では商品はアパレル企業側の在庫だ。利用者に売れた段階で、ゾゾタウンに受託手数料が支払われる。この受託手数料は百貨店に比べて安く、20〜30％程度と言われる。「百貨店を中心とした消化仕入れになじんでいたアパレル企業に対して、圧倒的にメリットのある条件を提示した」（アパレル業界に詳しいドイツ証券の風早隆弘シニアアナリスト）。ゾゾタウンの倉庫に商品を収めれば、その先の撮影や検品、梱包といった作業を任せることができる。スタートトゥデイは利用者とアパレル企業の双方にメリットを提供したことで、成長を遂げてきた。

地道な説得でアパレル企業を開拓

スタートトゥデイが創業直後に手掛けていたのは、セレクトショップのネット通販サイトだった。２００４年、個別に運営していた17のサイトを統合してゾゾタウンが誕生した。利用者から見れば、17のサイトで商品を閲覧したり、購入したりするよりも、一つのサイトでまとめて買い物を完結できた方が利便性は高い。

しかしアパレル企業にとって、当時はそれがリスクと見られていた。例えば、「白いシャツ」と検索すれば、「白」「シャツ」という条件に当てはまる商品がサイト上にずらりと並ぶ。ブランドが大切にしている世界観を「白いシャツ」単品で伝えるのは難しい。当時は今よりも、ブランド名で洋服を買う顧客が多かった時代だ。世界観の異なるブランドと一緒に商品を並べられることに、難色を示すアパレル企業も少なくなかった。

アパレル企業の多くは、商業施設や百貨店に出店する場合、隣接するブランドは何かを見極めながら出店の可否を精査する。路面店の場合も、近くにどういったブランドがあるのかが出店時の判断基準となる。だが一つのサイト内で、多様な世界観のブランドが一緒に扱われると、どのアイテムを、どう並べて比較するかは、利用者に委ねられることになる。ブランドの世界観を重要視するアパレル企業にとって、ゾゾタウンの取り組みは当初、受け入れ難いものだった。

前澤氏自らが利用者、アパレル企業にとってメリットがあることを丁寧に説明して回り、17のセレクトショップに出店していたアパレル企業については、ゾゾタウンへの参画が決まった。それでも新規ブランドの勧誘には苦戦する。当時はインターネットで洋服を売る企業が少なく、あったとしても小規模で安い服を売っているサイトが多かった。地道な説得を重ね、アパレル企業を開拓していった。

ゾゾタウンとともに成長したナノ・ユニバース

ゾゾタウンは開始してすぐ、いくつかの有力アパレル企業の経営者の目にとまった。大手セレクトショップ、ユナイテッドアローズの重松理会長（当時）や、新興セレクトショップ、ナノ・ユニバースの藤田浩之社長（当時）などだ。

２００５年にゾゾタウンに出店したナノ・ユニバースの成長の軌跡は、ゾゾタウンの成長の歩みとピタリと重なる。ナノ・ユニバースの売上高に占めるネット通販の比率は40％程度と、アパレル企業の中でも突出して高い。２０１５～２０１６年度は、アパレル不振の波に抗えずに苦戦を強いられ、２０１６年７月には創業者の藤田氏が退任した。だがゾゾタウンに出店したばかりの頃は、飛ぶ鳥を落とす勢いで業績を伸ばしていた。

当時からネット通販の担当だったナノ・ユニバースの越智将平・経営企画本部Ｗｅｂ戦略部長は、ゾゾタウンへの出店を始めた２００５年頃をこう振り返る。「社長の藤田から、とにかくやってみろと言われた。当時は実店舗の店長だったので、店を閉めた後、商品を選んで段ボール箱に詰め、１週間に２〜３個程度、ゾゾタウンの倉庫に送り始めた」。

実際の売り場では在庫がだぶついている商品も、試しに送ってみると、すぐに売れ、出店初月に１００万円の売り上げが立った。「当時、実店舗の売上高は月２０００万円程度。それが商品を段ボール箱に詰めて送るだけで、月１００万円のプラスになったのは正直、驚いた」（越智氏）。

２００６年には、ネット通販専門の部隊を作り、ゾゾタウンでの月の売上高は１０００万円を超えた。実店舗の在庫を送るのではなく、ゾゾタウンを一つの店舗と位置付けて、新商品も売り始めたのが２００７年。「それまでは在庫消化装置だった」（越智氏）が、期初から商品を割り当てるようにした。シーズン開始から売れ筋商品をどんどん納品すると、月間売上高は４０００万〜５０００万円まで伸びた。

もう一つの転機が訪れた。２００８年、ゾゾタウンが商品の予約販売機能を導入したのだ。発売前に商品を掲載し、利用者の予約を受け付ける機能だ。

予約機能で売れ行きを予測

通常、アパレル企業は翌シーズンのサンプル品を、その前シーズンにお披露目する。展示会で注文を取るためだ。この展示会に出席できるのは業界関係者やメディア関係者に限られていた。だがナノ・ユニバースは、サンプル品が出来上がった段階でゾゾタウンに掲載。関係者ばかりでなく、一般の利用者からも商品の予約を受け付けるようにした。

これがナノ・ユニバースに2つのメリットをもたらした。一つは、商品の需要が読めるようになること。サンプル品の反響を見ながら、本格的な発売の前に、商品の追加生産の可否を決断できるようになった。

もう一つは、予約と同時に決済の確約があることだ。実店舗ではこれまでも、要望があった顧客のために新商品をキープするなど、予約機能に近いサービスを実施していた。だがその顧客が商品を試着してイメージと違えば、購入には結びつかない。予約が取れたからといって、それが売り上げに直結するわけではなく、機会ロスが多かったのだ。その点、ゾゾタウンの予約販売機能は、利用者が商品を予約した段階で購入となる。つまり商品を本格的に製造する前に、売り上げが立つことになる。これがモノ作りの仕組みを変えた。

例えばこれまで、サンプル品は1つの型番に対して1色しか商品を作ってこなかった。

実際には複数色の展開をするとしても、メディアなどにアピールするためだけに、複数色のサンプル品を作るのは割に合わなかったからだ。

だがゾゾタウンで予約販売するには、すべてのカラー展開を見せなくてはならず、サンプル品を全色作る手間が必要になる。ナノ・ユニバースは、それまでゾゾタウンに商品を送って撮影してもらっていたが、その工程を自社内で手掛けるように変更した。その方が、サンプル品を作ってから予約販売するまでの期間が縮められ、コストも抑えられるからだ。現在では約15人もの撮影チームが社内にいる。

また予約販売する商品は、追加発注をかけられる前提で製造するようになった。「ゾゾタウンで予約販売を始めてから3日程度で、その後の売れ行きの傾向が分かる。反響が大きければ追加で生地を発注し、工場のラインを押さえる。そのうち柔軟に追加発注できる商品を中心に予約を取るといった考えに変わってきた。予約販売によって精緻に需要が予測でき、追加発注時のムダも最小限に抑えられるようになった」（越智氏）。

スタートトゥデイは、2009年に初のテレビCMを放送し、一気に認知度を高めて売上高は100億円を突破した。そしてナノ・ユニバースのゾゾタウンでの月間売上高も、2010年頃には1億円を超えた。

ゾゾタウンに出店する店舗は934店（2016年12月時点）。1000近い店舗の集積は、アパレル企業に新しい付加価値を生み出している。出店するアパレル企業だけが閲覧できる管理サイトの存在だ。

管理サイトでは、アパレル企業が自社の在庫を確認するだけでなく、他社の商品のトレンドなども分析できる。例えば現在、人気ブランドで何が売れているのか。アイテム別に過去の売り上げを参照でき、「昨年の3月に女性に売れたブラウス」といった検索が、他社も含めた商品全体でできるのだ。「アパレル企業がゾゾタウンに出店する背景には、売れ筋などを分析できる管理サイトの存在が大きい」と越智氏は解説する。

アマゾンもゾゾもSPAへ

スタートトゥデイはSPA事業に参入すると発表し、2017年中には自ら企画・製造した商品を販売し始める計画を立てている。

前澤氏は2017年2月17日にツイッター上で、このSPA事業が、ICT（情報通信技術）やIoT（モノのインターネット）をフル活用したものであることや、6～7年も温めていた企画であることを明らかにした。同時に、「アパレル業界の常識や慣習を転覆させる前代未聞のブランドになりそう」と語っている。

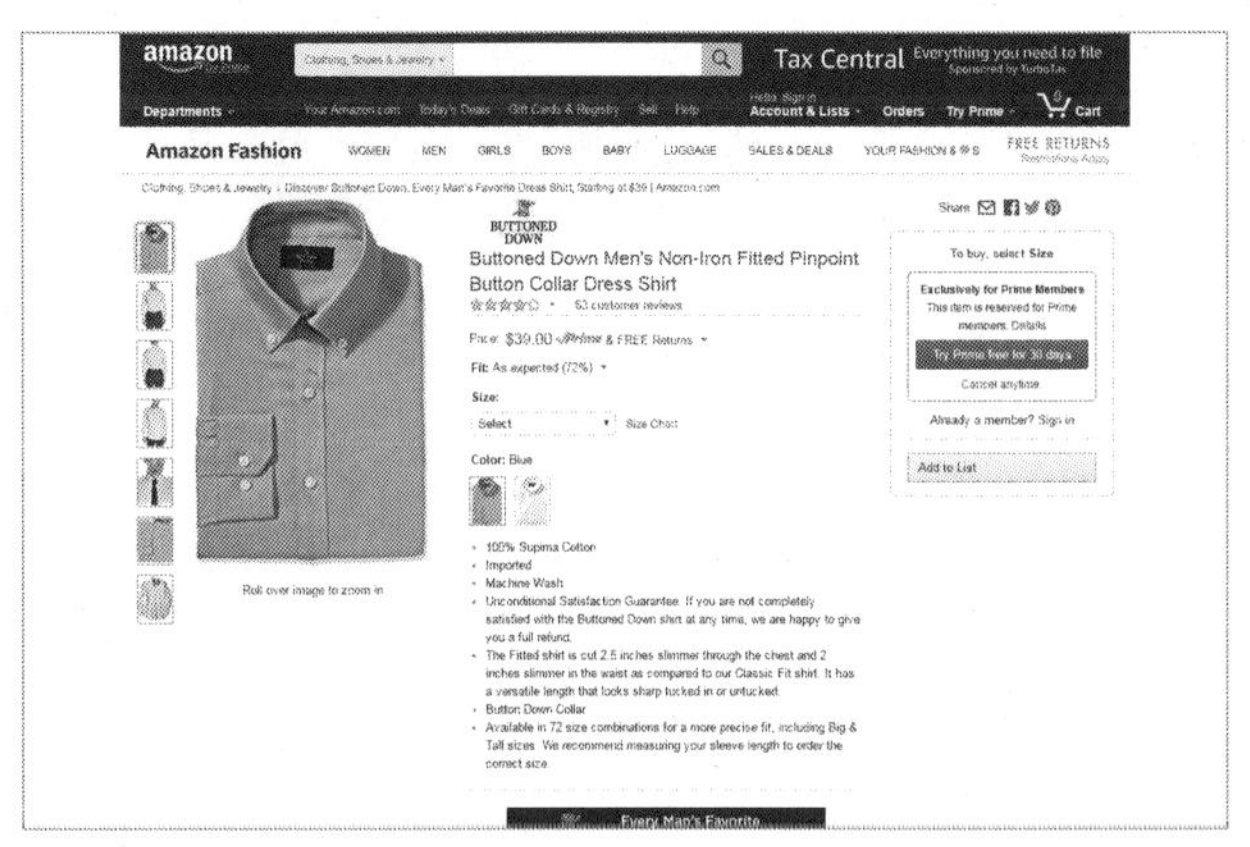

米アマゾン・ドット・コムが米国で発売するメンズシャツ（アマゾンのサイトより）

ネット通販のプラットフォームを提供してきた企業が、自らSPA事業に乗り出すのはスタートトゥデイだけではない。

米アマゾン・ドット・コムは、既に独自のシャツブランドを米国で販売している。アマゾンジャパンのジェームズ・ピータース・ファッション事業部門長は、アマゾンのファッションカテゴリーについて、「グローバルに見ても、アマゾンの中で急成長している分野」と話す。日本国内では、アマゾンジャパンが2016年から、「東京ファッション・ウィーク」の冠スポンサー（現在は楽天）に就いている。2017年1月には、米国で破産法の適用を申請したアパレル企業「アメリカンアパレル」の買収に動いているという報道もあった。

米調査会社のコーエンアンドカンパニーは、アマゾンのファッション部門の売上高が、2015年の160億ドル（約1兆7600億円）から、2020年には520億ドル（約5兆7200億円）まで伸びると推計。その過程で、2017年に米百貨店最大手のメーシーズの売上高を追い抜くとも予想している。

もはやリアル店舗を持たなくても洋服が売れる時代になった。ゾゾタウンやアマゾンのように、既に認知度が高く、膨大な顧客・販売データを保有する企業が、自ら洋服の製造・販売に乗り出せば、その影響は計り知れない。

米調査会社のイーマケターによると、米国のアパレルネット通販の2016年の流通総額は740億ドル（約8兆1400億円）。2020年には1300億ドル（約14兆3000億円）を超えると予想する。この数字は、ネット通販業界全体の6分の1を占める。

インターネットの世界から登場した小売業者が「川上」に近づいた時、業界の勢力図は大きく変わるだろう。

そして地殻変動が起こっているのは洋服を「作る」「売る」という従来型のサプライチェーンだけではない。さらに「川下」の「買ったものを再び売る」という二次流通の形も大きく変えようとしている。

「新品」だけじゃない

「ゾゾタウンは大量の新品を売っている。その行き着く先は、消費者がいずれ売るか捨てるか。売るならば、自分たちで引き取りたい。利用者が新品を買ってから、それを着て、中古品を売るまでのサイクルを自前で作りたい」。ゾゾタウン内で中古品を取り扱う「ＺＯＺＯＵＳＥＤ（ゾゾユーズド）」を運営するクラウンジュエルの宮澤高浩社長はこう語る。

ゾゾタウンは２０１２年、中古品の取り扱いを始めた。アパレルオークションサイトを運営していたクラウンジュエルを買収し、ゾゾユーズドとしてサービスを開始したのだ。売上高は毎年20～50％増で推移し、２０１７年３月期には１００億円を突破。

通常、中古品の売買では商品を集めることが最も難しい。そのため宮澤氏は、「買い取りに対するハードルを下げることを重点的に取り組んできた」と言う。中古品を送る作業を簡便化し、中古品の買取金額が１万円以下なら、身分証明書なしで売却できるなど、使い勝手を良くした。

ゾゾユーズドは、もともとゾゾタウンで「新品」を買う利用者と接点がある。新品を購入した人に商品を送る際、ゾゾユーズドを案内すれば、中古品販売に興味のない利用者にもアプローチできるというわけだ。２０１６年秋、その強みを最大限活用したサービスを開始した。

「在庫は顧客のクローゼットにある」

「あなたがお持ちのこの商品、２０００円で買い取ります」

２０１６年11月、ゾゾタウンで新品を購入すると、見慣れない案内が出るようになった。過去にゾゾタウンで購入した商品データを表示し、その場で新商品購入金額から下取り金額を割り引く「買い替え割」を開始したのだ。具体的な買取金額が表示されているので、利用者は売るかどうかを判断しやすい。クリック一つで、買い取りを申し込め、購入した新品の商品とともに、買い取り用のバッグが届く。

これはサービスを提供する側にもメリットが大きい。買い取りの場合、荷物が送られてくるまで何が入っているのか分からない。届いた荷物を一つずつ検品しながら、ブランドやカテゴリー、状態をチェックして値付けする必要もある。中古品の中には値段が付かないものも多い。だが、自社サイトで売った商品を再び下取りするのであれば、「買った時期も分かるため、買い取れる商品だけを案内できる。そのため中古品の買取作業や、それ

「買い替え割」では手持ちの商品がどれくらいで売れるかが表示され、同時にその場で下取り金額が新品購入分から割り引かれる（ゾゾタウンのサイトより）

を再び売る際の値付け作業も楽にできる」(宮澤氏)。

ゾゾタウンは「誰が」「いつ」「何を」「いくらで」買ったかというデータを握っている。下取りでは、買った時期から逆算して、どれくらいの経年劣化が考えられるかを計算し、適切な価格を提示できる。これは中古品を扱う上で大きなアドバンテージになる。「ゾゾタウンで新品を購入した顧客のクローゼットにある〝在庫〟が管理できるようになれば、ものすごいインパクトになる」(宮澤氏)。

宮澤氏は、アパレルの二次流通市場が、近い将来、自動車と同じようになると考えている。「買ったら売るということが当たり前になる。自動車を購入する時には、新車も中古車も同じように検討する。そして新車を買うと決めたら、それが何年後にどれくらいの価格で売れるかも調べる。アパレルも同じようになるはずだ」。

自動車や不動産は高価なので中古市場が比較的、成立しやすい。だがインターネットの普及によって仲介手数料が極限まで省けるようになると、高価なクルマや不動産ばかりでなく、アパレルのような分野でも中古市場が成立するようになった。

「アパレル業界全体に、作り手の〝大量生産〟の負の遺産が降りかかっている。過去の反省や課題を乗り越えるサービスを作りたい」(宮澤氏)

フリマアプリの王者、メルカリの正体

中古市場の拡大を後押しするもう一つの存在が個人間の二次流通プラットフォームだ。存在感を高めているのが２０１３年7月にサービスをスタートした「メルカリ」だ。メルカリは、ファッションから家電まで、幅広い分野の個人間の売買をサポート。アプリのダウンロード数は全世界で６０００万に上る（２０１６年12月時点）。個人間の売買で発生した売り上げの10％を手数料として徴収するビジネスモデルで、２０１６年にはサービス開始以来、初めて最終黒字となった。２０１６年6月期の売上高は１２２億５６００万円、営業利益は32億８６００万円。もともと「個人間売買」は「ヤフオク！（旧Ｙａｈｏｏ！オークション）」の独擅場だった。メルカリは、ヤフオク！からオークションの要素を取り除き、スマホで使いやすくしたことで一気に市場を席巻した。

「メルカリはほぼ毎日見ています。特にハロウィンやライブのグッズなど、イベントで必要なものやトレンドの服を買います」。そう話すのは、ベンチャー企業勤務の佐々木玲奈さん（仮名、25歳）。イベントで着る衣装やトレンドの服は、その年限りになることが多い。「1回しか着ないような服を新品で高く買うなんてもったいない」と言い切る。買い物も隙間時間で済ませている。「電車に乗って目の前に座った人の洋服がいいなと思った

瞬間に、メルカリで探して、その場で買うこともあります」。

東京都在住の市川希恵さん（仮名、35歳）もメルカリを愛用する一人だ。正社員として働く市川さんの帰宅時間は午後9時過ぎ。仕事から帰って食事を済ませた後にメルカリで洋服を見る。仕事上がりに百貨店や駅ビルに寄ることはできない。週末は、友人とライブに行ったり、一人で美術館に行ったりしたい。「ライブや美術鑑賞はネットでは代替できない」と考える半面、洋服の購入は「ネットで十分」としている。毎年新しい服を着たいとも思わない。「2年以上前に買った服を着ることに何の抵抗もないですね。むしろ良いものや気に入ったものであれば、長く着たいと思います」。

メルカリの出品商品におけるアパレルの割合は約4割に上る。内訳は、婦人服26％、紳士服8％、子供服が13％。それぞれ雑貨や玩具なども入るのでそれを差し引けば、おおよそ4割がアパレルという計算になる。

中古で売ることを前提に新品を買う

メルカリ利用者の中には、実店舗で新品を買う時にも、メルカリでそのブランドの中古相場を調べてから買い物をする人も多い。売ることを前提として新品を買うのだ。「中古が増えれば新品を買わなくなると言われるが、逆の現象も起きている。売り先があれば、安心して新品をたくさん買えると考える利用者も増えている」（メルカリの山田進太郎会長兼ＣＥＯ＝最高経営責任者）。

山田氏はサービス開始当初、比較的価格の安いファストファッションや子供服は、メルカリで売れないと思っていた。二次流通市場のメーンは単価の高い商品。新品の高級ブランドを買えないユーザーなどが、中古品を購入していた。単価の安い商品は、新品でも購入しやすく、あえて中古品を買う人はいないと考えていた。

だが、蓋を開けてみると山田氏の予想は裏切られた。ファストファッションも子供服も、順調に売れたのだ。そこには、あえて中古品を買うユーザー側の事情があった。

例えばファストファッションの場合、商品の入れ替えサイクルが早く、一度売り切れたアイテムが、再び店頭に並ぶケースはほとんどない。そのため、「中古でもいいから、あの売り切れたアイテムが欲しい」というニーズがある。子供服については、特定のサイズを着られるのはわずかな期間に限られる。乳児であれば、確実に翌年には同じ服が着られない。幼児であっても、２年も経てばサイズが合わなくなり、無用の長物となる。

母親の間で「サイズアウト」という言葉は一般的で、「サイズアウトしたので売ります」といった言葉が、メルカリの子供服の説明に並ぶ。１〜２年しか着られない服なら安く買いたいと思うのは当然の心理だ。メルカリが普及するまでは、売り手側も「まだ数回しか着ていないのに」と思いながら捨てるか知人に譲渡するかしか手立てはなかった。それを自宅にいながらにして、写真を撮り、価格を決めるだけで、売ることができるのであれば、使わない手はないというわけだ。

都内で働く遠藤友恵さん(仮名、36歳)は、2歳の子供を育てる会社員だ。子供が生まれてから、メルカリを使う頻度が増えた。「最近は、子供用のジャンパーとリュックを買いました。どちらも有名アウトドアメーカーなので定価で買えば子供用品としては高い。それを数千円で購入できました」と顔をほころばせる。それも、以前メルカリで洋服を売った時の売上金を、購入に充てた。「産前産後にいただいた洋服や雑貨で、既に持っているものや、趣味に合わないものは、メルカリで売りました。捨てるのは忍びないし、親しい人にあげるのもはばかられるので」。不要なものをメルカリに出品して売上金を稼ぎ、それを活用してほかの中古品を購入する——。十分な売上金を稼ぐことができれば、一銭も出さずに別の商品を買えるのだ。これほど合理的なシステムはない。

山田氏も、遠藤さんのような動機で商品を出品する利用者は少なくないと話す。「捨てるのに抵抗があるだけ。儲けようという気持ちより、誰かに使ってほしいという気持ちの方が強いようだ」。

メルカリのジャンル別販売品目の比率（2016年5月時点）

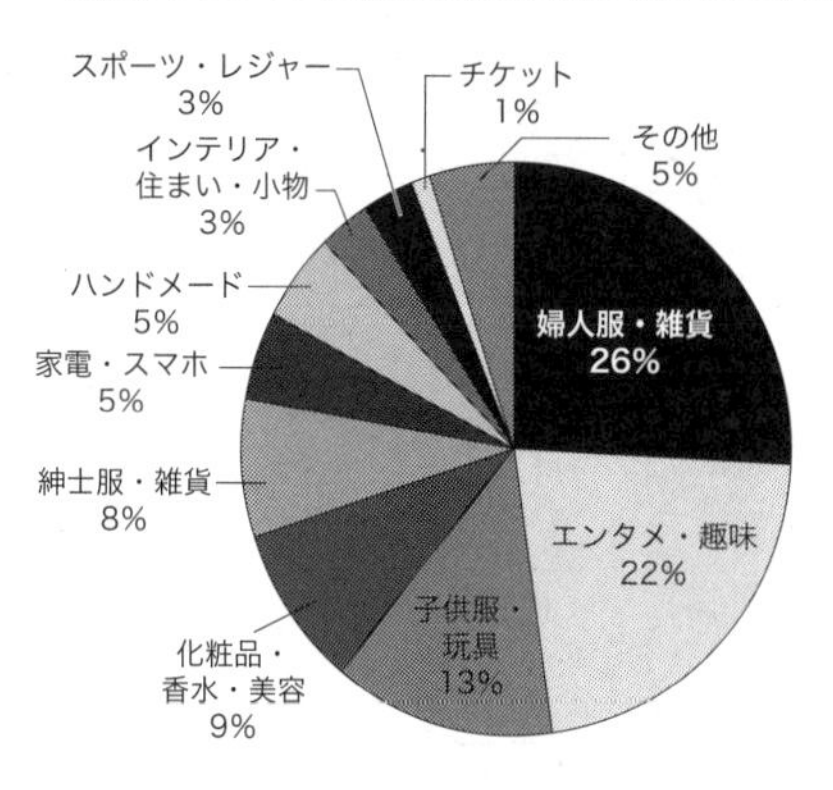

メルカリの販売品目のトップは女性向けの洋服や服飾雑貨
出所：メルカリへの取材を基に編集部で作成

メルカリは、既に米国と英国でもサービスを開始している。２０１６年７月には一時、米アップルのｉＰｈｏｎｅ向け無償アプリのダウンロードランキングで、全米３位に食い込んだ。米国でのダウンロード数は２０００万を超えた。

山田氏は、メルカリをシェアリングエコノミーの一つととらえる。ライドシェアの「Ｕｂｅｒ（ウーバー）」や、民泊サービスの「Ａｉｒｂｎｂ（エアビーアンドビー）」は、余剰労働力や余剰スペースをシェア（共有）しているが、古くなったものを人に売るのも、一種のシェアと言えるという。「自分にとっては不要なものが誰かの役に立つ。有限な資源を共有するという意味で、メルカリはシェアリングエコノミーを実現するサービスの一つ」(山田氏)と言う。

シェアリングエコノミーが広がった背景には、2008年のリーマンショックがある。急激な景気後退で、消費者の選択眼が厳しくなった。特に1980年以降に生まれたミレニアル世代はこうした意識が強い。

総務省の家計調査によると、1世帯当たりの「被服・履物」への年間支出額は2000年と比べて3割以上、減少した。メルカリのようなサービスが支持されるのは、「もったいない」という気持ちが強まったためだけではない。「デフレを経てモノやサービスの単価が下がり、消費者は『あの頃の価格は何だったのか』と、メーカー側の〝嘘〟に気付き始めた」(アパレル業界に詳しいドイツ証券の風早隆弘シニアアナリスト)結果でもある。

「買う」から「借りる」へ

中古品の売買市場が右肩上がりで伸びる一方、最近では商品を「買う」ことすらしない動きも広がりつつある。それが衣服のレンタルサービスだ。

衣服レンタルは、結婚式や成人式の礼服・振り袖など、特別なシーンでは普及している。

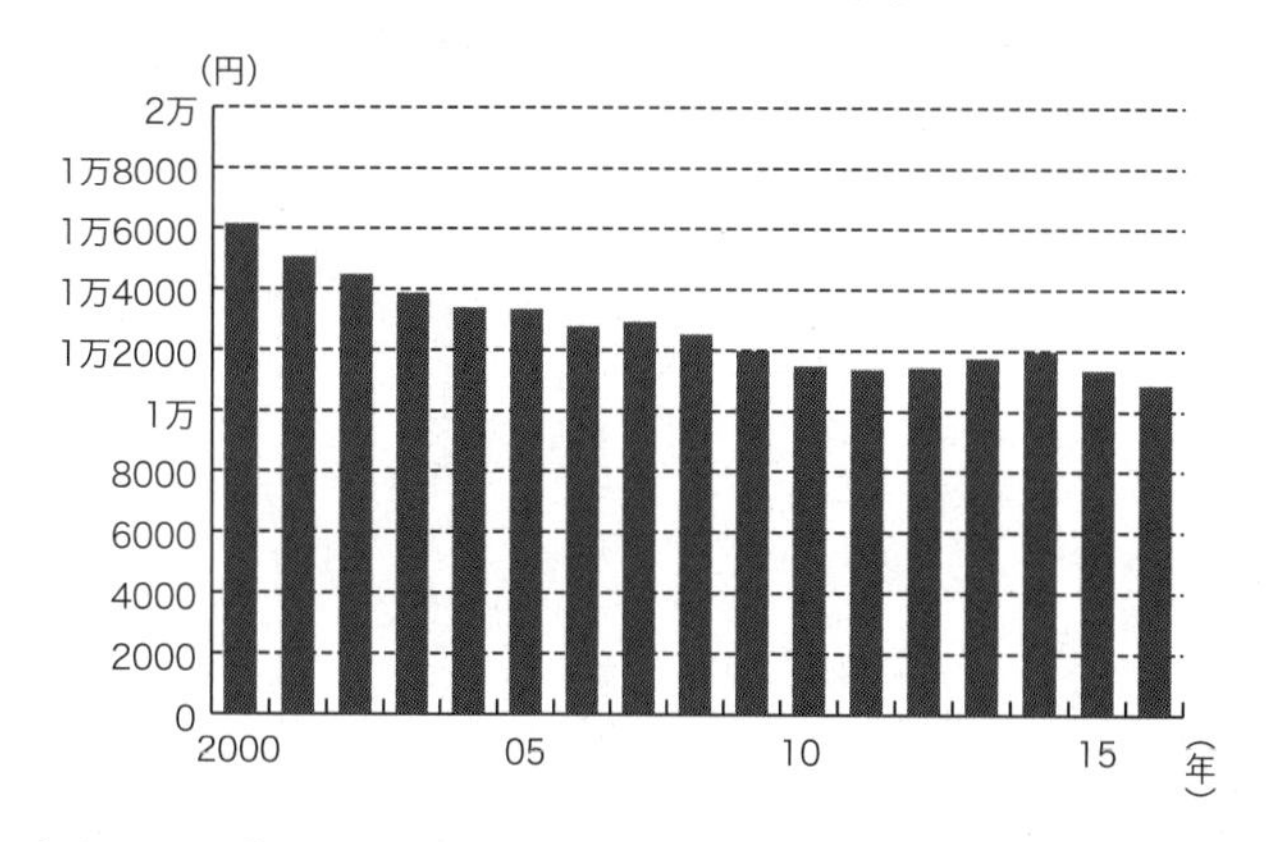

家計における「被服・履物」への年間支出額は減少傾向にある
出所：総務省「家計調査」

けれど普段着となれば話は別だ。価格が安い普段着をあえて貸すのは、企業にとっても、店舗の運営や人件費を考えれば割に合わない商売だった。だがここでも、インターネットの普及によって新たなビジネスモデルが誕生。一気に普段着のレンタルサービスが花開いている。

２０１５年２月に開始した「ａｉｒＣｌｏｓｅｔ（エアークローゼット）」もその一つだ。エアークローゼットでは、利用者がインターネット上で好みのスタイルや体形などの情報を登録すると、スタイリストが選んだ洋服が送られてくる。料金は毎月定額制で、６８００円で月３着まで借りられるコースと、無制限で借り換えられる９８００円のコースがある。

返却期限はなく、クリーニングしないまま送料無料で返せるのも特徴だ。

東京都在住の藤江咲さん（仮名、29歳）は、サービス開始当初からエアークローゼットを利用している。平日の帰宅は夜遅く、買い物には行けない。休日も趣味の登山やアウトドアに精を出す。「ファッションは好きだし、おしゃれもしたいけれど、なかなかその時間が取れなくなっていました」。そんな時に出合ったのが、エアークローゼットだった。

年間の洋服への支出を計算してみたところ、エアークローゼットを利用する方が、若干高くつきそうだった。それでも「家にいながら新しい服に出合えるし、サイズが合わなければ返却することもできます。今までファッションに感じていた不満が解決できそうでした」と会員登録を決めた。

2015年から1年半ほど使い続けているが、平均すると1カ月に2回、計6着ほど借りている。「知らないブランドがほとんど。自分では買わないようなアイテムや、聞いたことのないブランドでも、こんなに魅力的なものがあるのかと知りました」と話す。

以前レンタルした花柄のワンピースはその典型だ。普段は黒やグレーといったベーシックな洋服を着ることが多い藤江さん。多少抵抗はあったが、職場に着ていくと、思いのほか評判が良かった。「自宅に帰って、すぐに購入しました」と笑う。エアークローゼットでは、気に入った洋服は定価の半額程度で買い取ることもできる。この1年半ほどで、藤江さんは5着程度、購入した。

スタイリストがいるのも魅力だと話す。仕事柄、接待がある日は、きっちりとした格好をしたい。けれども頻度はそんなに高くないため、あえて接待用の服を買うほどでもない。そういった時、スタイリストに「今回は少しきれいめの服をお願いします」と頼むのだ。

レンタルをするようになって、藤江さんはファッションの楽しさを再認識している。「自分で買いに行くと、つい同じような洋服ばかり選んでしまう。その点、エアークローゼットなら自分が予想もしなかったタイプを提案してくれるし、試して気に入れば買うこともできる。ファッションの新しい楽しみ方を教えてもらいました。日々の普段着はレンタルで、ここぞという一張羅だけ購入するように使い分けています」と言う。

エアークローゼットの有料会員数は非公開だが、無料登録も含めると、その数は10万人以上という。レンタル対象となる洋服は10万点ほど。ブランドと直接契約し、ほぼすべての商品を買い取っている。

エアークローゼットでは、取り扱うブランド名を公表していない。「現段階でブランドを公表すれば、アパレル各社の売り上げにどのような影響を及ぼすか分からない。ただ今後はブランド名を公表できるよう、話し合いを続けていく」（エアークローゼットの天沼聰CEO）と言う。

天沼氏は、エアークローゼットを足掛かりに、事業の幅を衣料品レンタルからさらに広げることを考えている。

例えば10万人分の顧客データをアパレル企業に提供することも可能だ。エアークローゼットはサービスの特性上、顧客の好みやサイズを精緻に把握しており、同時にレンタル対象となる服はすべて自社で採寸し、袖丈や身幅などの正確なデータを保有している。

多くのブランドの売り場では、「試着をしたけれど、この色味が好きではない」など、顧客の嗜好に関する情報が極めてアナログな形で生まれ、そして消えている。「度々試着されるけれど、生地の肌触りが敬遠されて購入には至らなかった」など、取り扱うアイテムに対する顧客の反応も、その大半が商品企画担当者には届かない。

だがエアークローゼットでは会員が増えるほど、こうしたデータが蓄積されていく。それを解析すれば、顧客一人一人の正確な好みと、ファッションのトレンドを同時に把握できるようになる。そのデータを、アパレルの生産工程に活用すれば、「川下」からさかのぼる新たなモノ作りの体制を構築することもできる。

今後は、紳士服、子供服、妊婦服といったカテゴリーの追加や、アクセサリーなど雑貨のレンタルも検討していく。海外進出にも意欲的だ。「どのブランドの服を着るかよりも、どんな着こなしかが評価される時代。トレンドアイテムをたくさん扱うより、それぞれの

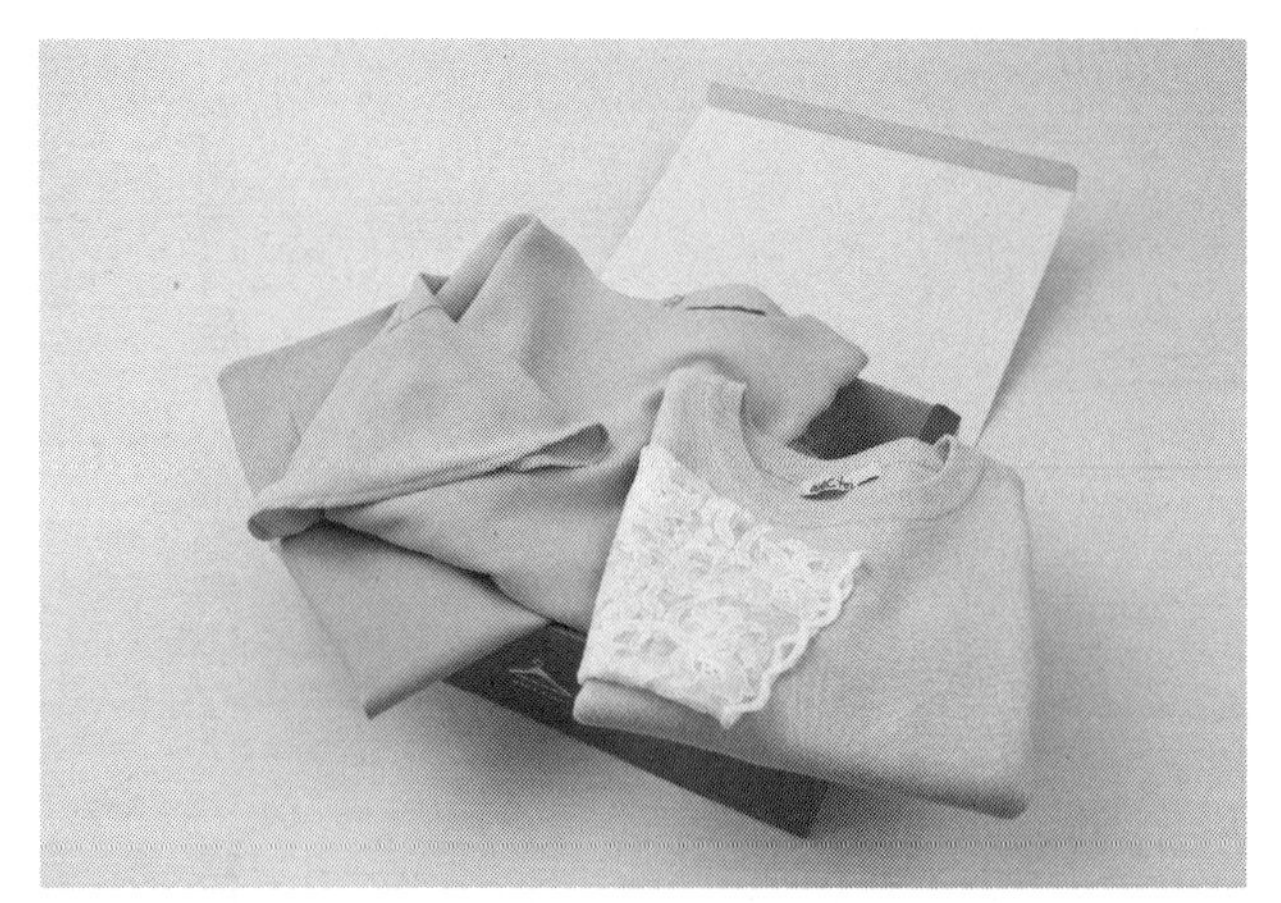

エアークローゼットではスタイリストが利用者の好みを考えて選んだ洋服を送る

2016年9月、エアークローゼットは東京・表参道に店舗を構えた

利用者に驚きを提供できるサービスにしたい」(天沼氏)。

老舗百貨店が〝服を売らない〟企業を誘致

インターネットを使ったレンタルサービスは、既に米国では大きな成功を収めている。2009年に米国で登場した「Rent the Runway(レントザランウェイ)」の会員数は、既に500万人を超えている。サービス開始当初はパーティーやプロム(高校の卒業パーティー)などで着るドレスが中心だったが、現在は普段使いの洋服も扱っている。「トリーバーチ」「ジルスチュアート」「シーバイクロエ」など、300以上のデザイナーズブランドが揃う充実ぶりだ。

レントザランウェイでも、エアークローゼットのように月139ドル(約1万5290円)で借り放題というプランを用意している。ただし基本は、商品ごとにレンタル料を支払う形式がメーンだ。レンタル料は商品によって異なるが、アクセサリーがおよそ10~400ドル(約1100~4万4000円)、衣類はおよそ40~800ドル(約4400~8万8000円)。4日、もしくは8日の貸出期間を選び、借りることができる。

特徴は検索機能とユーザー投稿機能にも表れる。レンタルという特性上、何かの目的の

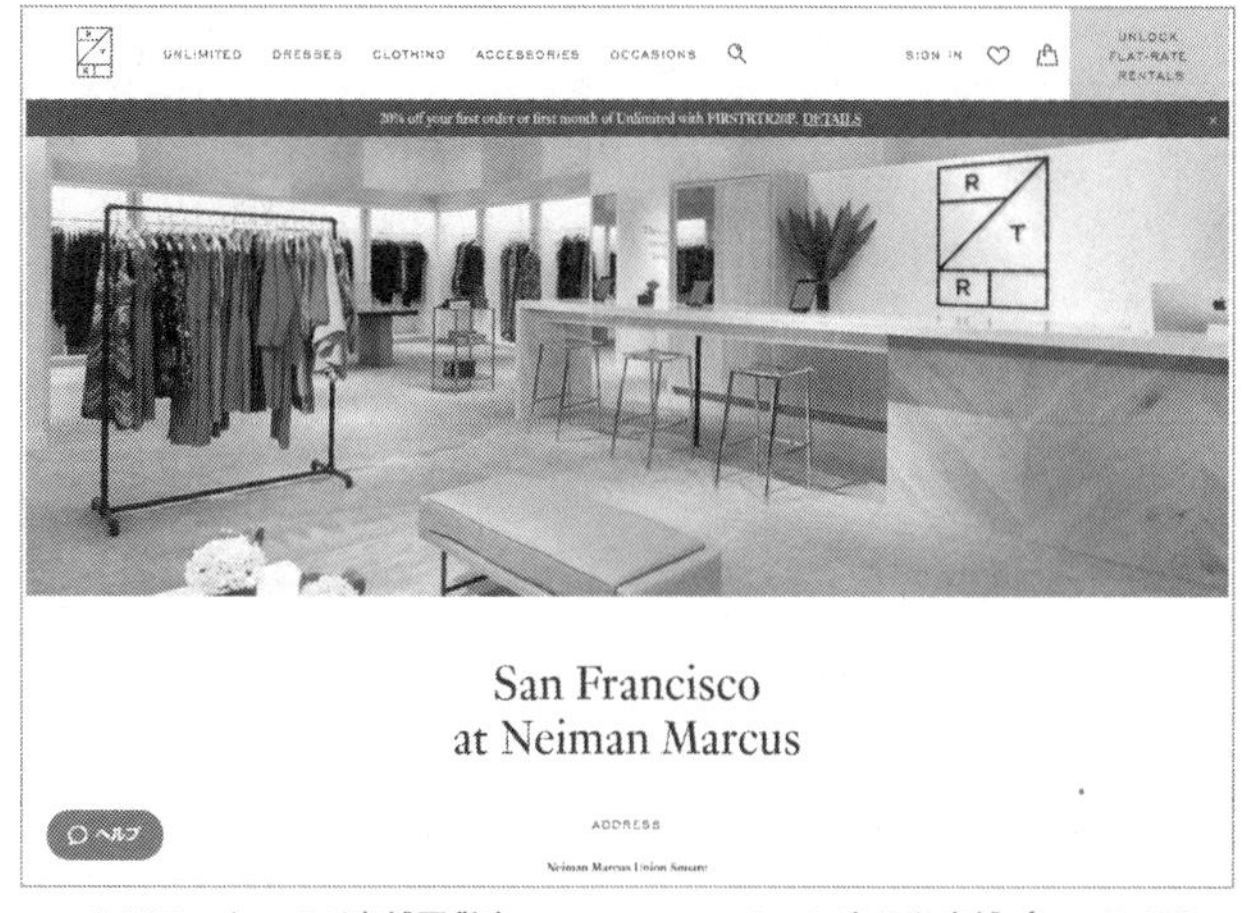

レントザランウェイが老舗百貨店ニーマン・マーカスに出した店舗（レントザランウェイのサイトより）

ために借りる会員が多く、「どれくらいフォーマルか」「着用時の気候はどうか」といった項目から検索できる。

各アイテムの横に表示されるのは、実際に借りた人がその洋服を着用して撮影した写真だ。着用者の身長や体重、年齢、普段着ているサイズなども記載。モデルが着た写真からは伝わりづらい「本当の着用感」が分かる。

レントザランウェイは、サービス開始以降、少しずつリアル店舗も増やしており、米国内に６カ所の店舗を持つ（２０１７年２月時点）。

業界関係者を最も驚かせたのは２０１６年11月のことだ。レントザランウェイが、老舗百貨店のニーマン・マーカスに店舗を出すと発表した。サンフランシスコのニーマン・マーカス内に店舗を構え、2017年中にはさらに同百貨店にインショップを増やすという。

米ブルームバーグや米ワシントンポストなどは、このニュースを「スタートアップと伝統的な小売業がついに協力を始めた」と大きく報じた。報道によれば、ニーマン・マーカスの顧客の平均年齢は51歳、レントザランウェイは29歳。ニーマン・マーカスが客層の若返りを狙い、売り場を〝服を売らない〟企業に明け渡したことは、業界に驚きをもって受け止められた。

なぜレントザランウェイは、高級ブランドを揃えることができたのか。報道によると、これまでなら何十万円も支払わなければ着られなかったラグジュアリーブランドの洋服がレンタルでき、これがブランドにとっては、「エントリー」の役割を果たすからだという。老舗百貨店がレントザランウェイを売り場に加えたことは、数多くのラグジュアリーブランドを展開する百貨店にとってみれば、未来の顧客を開拓することにもつながるはずだ。

翻って、日本の百貨店が〝服を売らない〟企業に売り場を提供するかといえば、こうした取り組みはほとんどない。モノにしてもコトにしても、いまだに「売る」ことを前提として売り場を作っている。

これまで洋服は、「新品を」「売り場で」「買う」のが当たり前とされてきた。アパレル業界内の各社は皆、この価値観を疑うことなく商売を続けてきた。

だがアパレル業界の「外」から参入した新興プレーヤーはこの前提を疑った。そして消費者が最も望むサービスを提供しようと知恵を絞った結果、洋服に対する価値観の変化を察知した。消費者はもう洋服を買うためにわざわざ売り場まで足を運びたいとは思っていない。いつも新品ばかりを買いたいわけでもない。洋服を買うだけでなく、中古品を売買することにも興味を持つ。この変化に目を向けず、今まで通り新品を大量に売り場に並べるだけではもう見向きもされない。

PART 3

大量生産の逆をいく「カスタマイズ」

インターネットの普及は、個人と個人を容易に結びつける世界を生み出してきた。農産物や加工食品をはじめ、生産者と消費者がインターネットで直接やり取りして商品を売買するのは、もはや当たり前。製造業の進化の先端ではIoT（モノのインターネット）やAI（人工知能）、ロボットを駆使した工場の生産ラインによって、消費者の個々のニーズに応えるモノ作りが広がっている。

一方、IT（情報技術）の活用という面では国内の衣料品（アパレル）業界は周回遅れというのが現実だ。第1章で見たように、アパレル業界は「川上」「川中」「川下」に多層の分業体制を築くことで発展し、インターネットが発達した今も、この強固な分業体制が良くも悪くもなかなか崩れない。ほかの業界で見られるような、生産者と消費者がインターネットで直接結びつき、個々のニーズに合わせた商品やサービスを提供する状況は生まれにくかった。

その中で明るい兆しが見える。インターネットを使って一人一人の好みやサイズなど、細かいニーズに合わせてカスタマイズした洋服を提供するサービスが急成長しているのだ。

「要介護の母が結婚式に着る服を作ってほしい」

神奈川県小田原市に住む椙島陽子(すぎしま)さんは、33歳の息子の結婚式を控える母親だ。結婚式の日取りが決まった頃、息子からある相談を受けた。「おばあちゃん、どうしようか」。椙島さんの母親は80歳を過ぎ、要介護認定を受けている。認知症の症状が少しずつ出始め、今はグループホームで生活している。「結婚式に出席できるようにしたのですが、着ていく洋服をどうしたものかと頭を抱えてしまいました」。

椙島さんの母親は腰がすっかり曲がった、いわゆる「亀背」という体形だ。「当然、着物なんか着られません。でも明るい色の洋服を着せてあげれば、母も喜ぶと思いました」。地元の百貨店はもとより、都心の大型百貨店まで足を運んだものの、思うような服は見つからない。売り場の販売員は、「(そういった体形の方に合う服は)オーダーメードしかないですね」と言うだけだった。

そんな時、テレビで知ったのがインターネットで縫製職人と、縫製をしてほしい一般の利用者をマッチングする「ｎｕｔｔｅ（ヌッテ）」だった。どのような洋服をどれくらいの予算で作ってほしいかを書き込むと、複数の職人が手を挙げる。自分の条件に合った職人が見つかれば契約成立。思い通りのオーダーメードの洋服が手元に届く仕組みだ。

椙島さんは早速、ヌッテに会員登録した。母親の体形や年齢、息子の結婚式のことを書き込むと、すぐに複数人から応募があった。その中で最も丁寧に対応してくれた職人に依頼することを決めた。その縫製職人は、西日本に住む、椙島さんと同年代の女性だった。自身も同年代の母親がいるとのことで、「気持ちをよく分かってもらえた」（椙島さん）。メールでのやりとりもスムーズだった。採寸に不安を感じる椙島さんのために、どこを測ればいいのか、写真付きのメールをくれた。

椙島さんが最も驚いたのは、その提案力だった。椙島さんが頼もうと思っていたのはワンピース。着脱が容易で、母親の亀背も目立たないと思ったからだ。

だが職人が提案したのはふんわりとしたブラウスとズボンをセットにしたツーピースで、この方がトイレに行く時に楽だという。デザインだけを考えるのではなく、着る人や世話をする人のことを考えた提案に驚くとともに感動した。ブラウスは前身頃（服の前の部分）を短めに、後ろ身頃（服の後ろの部分）を長めにした。そうすれば、亀背によって後ろ身頃が上がっても、前と後ろが不均衡に見えない。

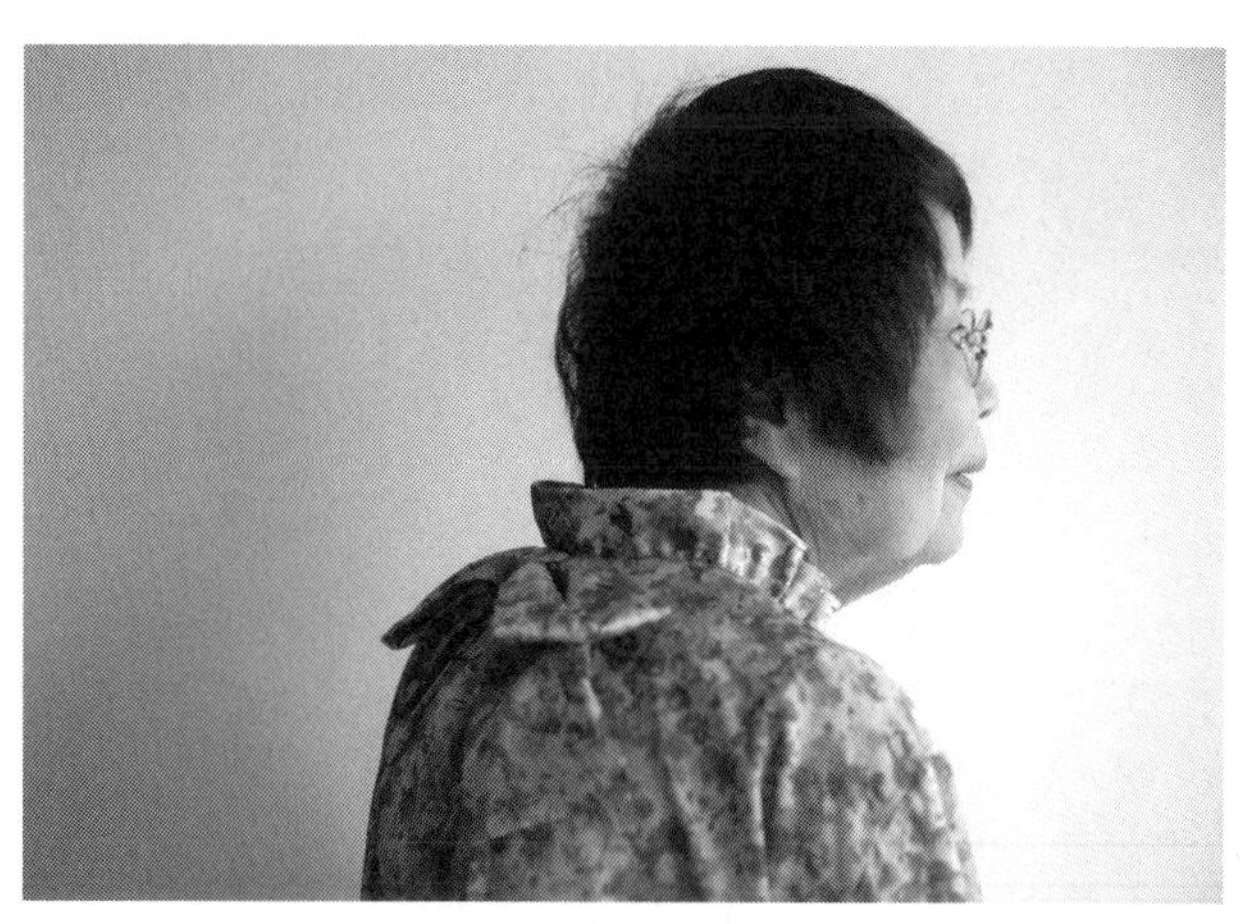

ヌッテのオーダーメードで作った服を着る椙島さんの母親。背中のデザインのほか、目に付かないところにも細かい気配りが行き届いている

機能だけでなく、デザインも新鮮だった。背中の曲がった部分を隠すのではなく、むしろ「かわいく見せよう」という提案だったのだ。

通常の洋服の場合、人の目線は前身頃に集まるため、前面に模様やデザインを入れる。一方、亀背の場合、前身頃はあまり見えない。提案されたのは、背中にプリーツを入れ、リボンを付けたデザインだった。布地の柄は暖色の花柄。さらに裾や手首にはゴムを入れ、トイレで袖や裾をまくってもすぐに落ちてこないよう工夫されていた。

ここまできめ細かな対応で、価格は6万円。息子も「これで心配なくおばあちゃんが結婚式に出られる」と喜んだ。ヌッテに登録してから3カ月。心待ちにした洋服は思った以上の出来だった。相島さんの母は、送られてきた服を試着しては顔をほころばせ、結婚式を心待ちにしているという。

注文服の新たなプラットフォーム

ヌッテを運営するのは、ステイト・オブ・マインド。2015年2月からヌッテのサービスを開始した。代表取締役の伊藤悠平氏は、もともと洋服の縫製工房を経営していた。しかしアパレル産業が低迷する中で、縫製職人の収入があまりに低い現実を目の当たりにし、直接利用者と取り引きするサービスを思いついた。

ヌッテに登録している縫製職人の数は、約1000人。40代を中心に、下は20代から上は90代まで、全国各地の職人が登録する。縫製職人は、ヌッテが課す縫製テストに合格した人で、技術力は高い。成約率は約8割。利用登録者数は2万2000人に上る（2017年4月時点）。個人間取引で発生した成約金額の20％を、縫製職人から手数料として徴収するビジネスモデルだ。

ヌッテは、一点ものの注文や、アパレル企業の小ロットの生産に対応する。依頼者の3割程度が個人で、残りの7割は小規模のアパレル企業などだ。

一般的に縫製工場は、100着程度のまとまった注文でなければ受注しない。ヌッテは、工場が引き受けない少量生産のニーズに応えることでビジネスを成長させた。年間流通総額は2016年12月期に2億円に到達した。縫製職人の中には、個人で月間60万円程度を稼ぐ人もいるという。

2016年9月には、「andColors（アンドカラーズ）」という染色サービスも立ち上げた。1点から服を染め直すサービスだ。「染め直すことで洋服を蘇らせ、少しでも長く着てもらおうと考えた」（伊藤氏）。

ヌッテは今後、海外展開も見据える。既に海外からの注文もあるといい、細かい作業に定評のある日本の縫製職人が、世界に出るためのプラットフォームになると考えている。

膨張するハンドメード市場

個人の作り手が自分の作った洋服やアクセサリーなどをサイト上に登録し、それを消費者が買うサービスも注目を集める。作り手が登録する商品は、アクセサリーからアパレル、家具などジャンルは幅広い。

中でも「Creema（クリーマ）」は、アプリのダウンロード数が500万、流通総額は2015年からの1年で3倍に増える急成長ぶりだ。登録されている作品数は約350万件（2017年4月時点）。消費者が欲しい商品を見つけたら、チャット機能を使って作り手と交流しながら自分の好みに合うようにカスタマイズできる。洋服ならサイズの微調整ができるし、布製のバッグなら持ち手の長さや布の材質を用途に合わせて変えられる。作り手から直接買うので安く済む。

「価格もさることながら、大量生産されたものではない個性や、制作者から直接話を聞けるという価値を大切にする利用者が多い」（クリーマの丸林耕太郎社長）

クリーマは地方と組んだ商品開発にも取り組んでいる。2016年9月には、長野県岡谷市の岡谷シルクを使った商品を、クリーマに登録する7万人の作り手と共同で開発した。

大正から昭和初期にかけて日本の生糸生産の4分の1を担っていた岡谷シルク。現在ではシルクの需要が減り、伝承の技術が廃（すた）れる心配があった。サンプルのシルク布は岡谷市が無償で提供し、作り手が思い思いの商品に仕上げ、完売する商品も相次いだ。クリーマでは第2弾も検討している。

米国ではクリーマのようなハンドメードサービスの成長が著しい。2005年に開始した「Etsy（エッツィー）」が代表だ。エッツィーは、2016年の年間流通総額が約28億4000万ドル（約3124億円）、売上高は約3億6000万ドル（約396億

クリーマは長野県の岡谷シルクを提供し、クリエーターに商品を作らせる「全国いいもの発見プロジェクト」を展開した

円）に上り（2016年12月期）、2015年にはナスダック市場への上場を果たした。

常時並ぶ作品数は4500万個以上、アクティブな購入者は2800万人。これまでアパレル業界では企業側の論理だけで、商売にならないようなニーズは切り捨てられてきた。それが今、ハンドメード市場として成長し、巨大化しているのだ。

ユニクロも進めるカスタマイズ

カスタマイズの流れは大手アパレル企業にも及び始めている。顧客一人一人のデータ管理が簡単かつスピーディーにできるようになり、工場の生産ラインのロボット化が進むことで、大手もカスタマイズを次のビジネスチャンスとしてとらえつつあるのだ。

ユニクロを運営するファーストリテイリングも、カスタマイズに向けた布石を打ち始めた。その一つが2016年10月に発表した島精機製作所との合弁会社イノベーションファクトリーだ。ファーストリテイリングが4億円を出資し、株式の49%を所有する。

島精機が製造する編み機は、縫い目のない「ホールガーメント」というニットを作れるのが特徴だ。従来、ニットは、胴体や腕など各パーツを裁断して縫い合わせる必要があった。一方、ホールガーメントの場合、全体を一気に編み上げる。縫い目がなく着心地や見栄えが良いだけではなく、裁断時のニット地のロスが少なく、縫い合わせの作業や縫い合わせた部分を隠すための布地が不要でデザインの自由度も増す。いわばニット製品の3Dプリンターだ。

3Dデータで制御することで、細かなサイズなど、顧客一人一人に合わせた仕様変更にもスピーディーに対応できる。2017年の米国最大の小売業の見本市「全米小売業大会」で、島精機のホールガーメントは、消費者一人一人のニーズに応える商品が作れる「パーソナライゼーションマシン」として注目を浴びた。

ファーストリテイリングでは、このホールガーメントを使ったニットを、合弁会社設立よりも前に先行して販売した。2016年9月に販売を開始した、デザイナーのクリストフ・ルメール氏がかかわった「ユニクロU」のニットワンピースなどだ。

ファーストリテイリングが発表したニットワンピース。3D テクノロジーを駆使したホールガーメントで製造する

ファーストリテイリング会長兼社長の柳井正氏は、顧客からの注文と工場生産のリードタイムが短くなる未来が現実味を帯びてきたと話す。

アパレルほど好みやサイズなど、消費者のニーズが細分化されている産業はない。だからこそ、消費者が生産者に個々のニーズに応えてほしいという思いも強い。しかしこれまで、アパレル企業はそういったニーズに応えてこなかった。それが、業界不振の原因の一つでもある。

売り場をショールームと位置付け、インターネットでブランドの世界観を伝えるオンラインSPA（製造小売業）や、憧れのブランドの洋服を売らずに「貸す」レンタルサービス、思い通りの商品を「オーダーメードする」カスタマイズサービス。ＩＴ業界からアパレル産業に参入したプレーヤーたちは、洋服の新しい楽しみ方を教えた。消費者も、次々に誕生する新サービスを好意的に受け入れ始めた。ＩＴ業界発の「よそ者」たちは、アパレル産業に新たなイノベーションをもたらしたのだ。

同時に新たなプレーヤーの取り組みは、アパレル産業がまだ成長できることも証明した。正面から消費者と向き合えば、そこには必ずヒントがある。「本気で消費者と向き合う覚悟があるのか」。顧客最優先で魅力的なサービスを生み出すプレーヤーの台頭は、既存のアパレル企業にこう問うている。

第4章

僕らは未来を諦めてはいない

PART 1

国内ブランドだけで世界に挑む
——古いビジネスモデルの破壊者、TOKYO BASE

第3章では、IT（情報技術）を駆使し、衣料品（アパレル）業界の「外」から変革を迫る新勢力を紹介した。しがらみにとらわれない外圧の力は、〝内輪の論理〟を重視してきたアパレル業界を壊すには、有効な一つの手段だ。だがアパレル業界が本当に生まれ変わるには、「中」からイノベーションを起こすプレーヤーが必要になる。

業界の悪習や不合理を目の当たりにし、課題と正面から対峙して壁を壊す——。決して簡単な挑戦ではないはずだ。それでも「川上」「川中」「川下」のあらゆる場所で、変化の兆しは生まれつつある。彼らは、アパレルの未来を諦めてはいない。

老舗百貨店の倒産が原風景

カーン、カーン、カーン、カーン、カーン。

２０１７年2月17日、東京証券取引所内に鐘の音が鳴り響いた。五穀豊穣を意味する５回の鐘の音は、上場企業の新たな門出を祝う意味を持つ。オールブラックのスーツに身を包み、木槌をふるって最初の鐘を鳴らしたのは、新興セレクトショップＴＯＫＹＯ ＢＡＳＥ（トウキョウベース）の谷正人ＣＥＯ（最高経営責任者）。２０１５年9月に東証マザーズに上場したばかりの同社は、それからわずか1年半で、東証1部へ指定替えされた。

日本国内には３８０万社以上の企業があるが、東証1部上場は約２０００社しか存在しない。アパレル業界全体が不振にあえぐ中、33歳の起業家は、創業から約10年でそれを成し遂げた。

谷氏は静岡県浜松市にかつて存在した百貨店、松菱の創業家一族だ。地元で圧倒的な存在感を誇った老舗だったが、ライバル百貨店との競争に焦るあまり、バブル崩壊後の市場環境の変化を見誤って過剰投資に踏み切った。競合への対抗策として造った新館の売り上げが思ったように伸びず、資金繰りに窮した末、２００1年に経営破綻した。

顧客が本当に何を求めているのか考えず、ライバルばかり意識した内輪の競争に走ってムダな投資を繰り返し、滅んでいく様子は、当時まだ高校生だった谷氏の記憶に深く刻まれた。

「百貨店という業態が、時代と違うんだなと感じた。今考えると、松菱という企業は日本経済の縮図のような存在だった。バブル崩壊後に、環境変化に合わせて店舗を縮小しようと考えることができていたら、生き残れたのかもしれない。でも昔の人たちはどうしても売上高を競いたがる。実際には外商の売り上げを加算しているのに、『この館でこんなに売上高がある』と誇るのは、そもそもおかしな話。結局は、お客さんの方を見ていなかったということ」

谷氏は、百貨店独特の商習慣に対して疑問を抱いている。百貨店が在庫リスクを負わなくて済む独特の契約形式「消化仕入れ」の存在を知ったのは、アパレルビジネスを始めた後だった。「仕組みを聞いた時は、よくできるなと思った。本来なら仕入れを担当するバイヤーの評価は、商品の消化率で決めるべき。それなのに売れ残った商品を返品したら、何も分からなくなる。商品を売るプロのはずなのに、それを人に任せたら何も残らない。そんなことをやっていたら成長できない」。

借金1億5000万円からのスタート

谷氏は高校卒業後、中央大学に進んだ。新卒で入社したのはセレクトショップ「フリークストア」などを展開するデイトナ・インターナショナルだった。「モテたくて、服がずっと好きだった。それで好きなことをやって、稼いで、食っていきたいな、という思いで仕事を選んだ」。

入社半年で、東京・原宿にあった不採算店舗の再建を任され、それを見事に達成。そして、２００７年にセレクトショップ「ステュディオス」を立ち上げるチャンスを得た。好調に売り上げを伸ばす中、当時展開していた３店舗を買い取りたいとデイトナの代表に申し出たのが、谷氏の起業家としての出発点だ。

リーマンショック直後で銀行の融資姿勢は消極的だったが、３店舗の代金として提示された１億５０００万円を何とか工面し、独立にこぎつけた。

そこから東証１部上場までの道のりを、谷氏はこう振り返る。

「何も経験がないのが良かった。ステュディオスを立ち上げた当初、『雑誌に載れば商品が売れる』と考えて、出版社の代表番号に直接電話をかけたりしていた。業界の常識を知っていたら、とてもそんなことはできなかった。お客さん目線で、直球で飛び込んだ結果が今につながったし、社内でもそれを言い続けている」

現在、トウキョウベースが手掛けているのは、国内ブランドだけを集めたセレクトショップ「ステュディオス」と、ＳＰＡ（製造小売業）ブランド「ユナイテッドトウキョウ」

の2本柱だ。

大手アパレル企業が不振から抜け出し切れないのを尻目に、同社の2017年2月期の売上高は前の期比53・7%増の約94億円、営業利益は95・5%増の約13億円となった。売上高営業利益率は約14%で、アパレル業界内でトップクラスの収益率の高さを誇る。さらに、2018年2月期も増収増益の予想を打ち出している。

業界水準より高い原価率

高収益を支えるビジネスモデルは、不振に陥る多くのアパレル企業と別の方向に進むことで成立している。その代表が、原価率50%のユナイテッドトウキョウの商品だ。一般的なアパレル企業の場合、商品の原価率は20%程度という場合が多いとされる。コストパフォーマンスに定評があるユニクロですら、原価率は30〜40%程度と見られており、ユナイテッドトウキョウの原価率は圧倒的に高い。

原価率を少しでも下げるために中国での大量生産に依存し、結局クオリティーの低い商品を作ることで顧客から見放されたことが、アパレル不振の大きな要因だということは、第1章で説明した。

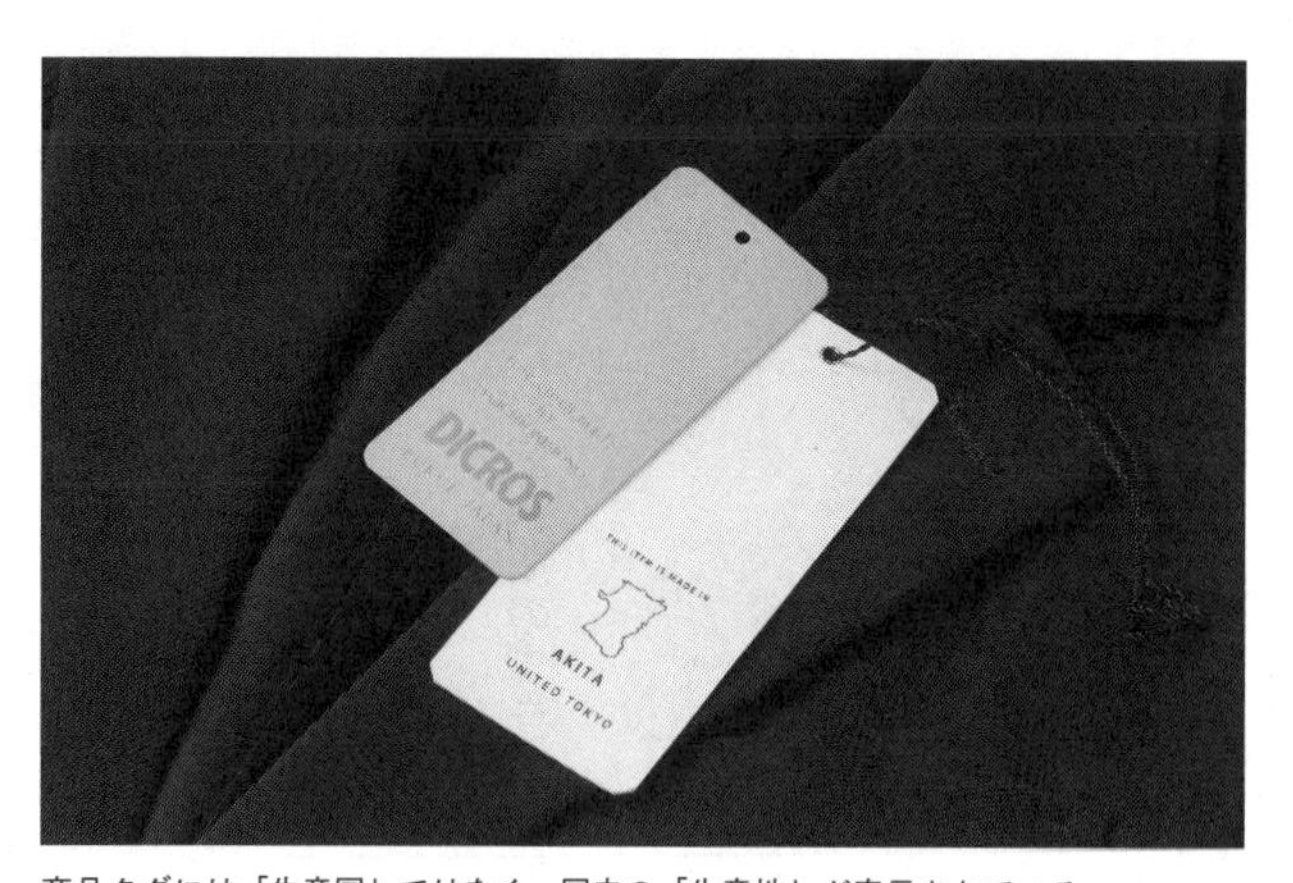

商品タグには「生産国」ではなく、国内の「生産地」が表示されている

そうした企業とは対照的に、ユナイテッドトウキョウは高度な技術を持つ国内工場と直接取り引きして商品を作っている。すべての商品が国産なので、商品タグには「THIS ITEM IS MADE IN AKITA」というふうに、その商品が生産された都道府県の名前が記入されている。

商品を中国で生産するなら半年前に発注する必要があるが、国内ならば2〜3カ月前で済む。発注時期をぎりぎりまで引っ張ることで、シーズン直前に流行し始めたスタイルや色にも、柔軟に対応しやすくなる。

需要に合った商品を投入して売れ残りを防ぎ、これが利益率の高さにつながっている。定価で売り切ることを前提として商品を作り、余計な在庫と処分リスクを抑えているので、原価率を高めに設定することができるという好循環も生み出している。

商品代金の半分までを原価に割り当てることができるため、販売価格からは考えにくい高級素材を使うこともできる。例えば、伊モンクレールなど欧米の高級ブランドがこぞって使用している第一織物の合繊生地。これで作ったユナイテッドトウキョウのジャケットは、税込みで2万円弱と極めて値頃だ。

定価販売が6割未満のブランドは切る

自社商品の利益率の高さは分かるとして、セレクトショップであるステュディオスが、なぜ高い利益率を維持できるのか。

多くのセレクトショップが欧米ブランドを中心に品揃えを構成するのに対して、ステュディオスが取り扱うのは国内ブランドだけだ。日本のブランドのみにこだわって商品を選ぶことで、他社との差別化を図っている。

ただ、好調の理由はそれだけではない。ポイントは商品仕入れの手法にある。セレクトショップにとって、商品在庫とそれを処分するためのセールは、利益率の低下に直結する。

そこでステュディオスでは、定価販売の比率が仕入れた商品全体の6割を切ったブランドとは、次のシーズンから取り引きをやめる。定価販売比率が6〜8割なら現状を維持し、8割を超える場合は逆に仕入れ量を増やす。

そのため取り扱いブランドは、年間で1割程度が入れ替わる。そうすることで在庫処分のためのセールが常態化しないよう工夫し、常に利益率の高いブランドだけを集められる。

「『この商品、すごくいいんだけど売れないんだよね』という話をよく聞くけれど、それはいい商品ではない。ちゃんとお金を出して買ってもらえるのがいい商品」。谷氏はそう強調する。

徹底した計数管理を導入していることも、同社の好調を支える大きなポイントだ。アパレル企業にとって頭痛の種となる固定費の家賃は、路面店ならば、売上高に対して5％以下を理想とし、全体平均で10％、商業施設などのビル内でも15％以下に抑えるよう徹底している。ＺＯＺＯＴＯＷＮ（ゾゾタウン）との連携が奏功し、ネット通販比率が売上高の3割強と業界内で際立って高いことも、利益率の高さに貢献している。

売り上げの10％をそのまま給料に

「アパレル業界に大器晩成はない。20〜30代向けのマーケットで戦うなら、若くして芽が出ない人間は生き残れないから」。そう語る谷氏の経営哲学を端的に示しているのが、同社の人事・賃金制度だ。

「東京・渋谷区内に住めば、住宅手当を3万円追加」「『スーパースターセールス』に認定されれば、個人売上額の10％がそのまま給料に」――。

トウキョウベースの初任給は月25万円（通勤手当、固定残業代含む）。その上に、売上実績などに応じた各種インセンティブが加算されていく仕組みだ。

実績さえ上げれば入社年次は関係なく、販売員でも世間一般で言う〝高給取り〟になれる。その一例が、「スーパースターセールス」だ。春夏（2～7月）と秋冬（8～1月）の半期ごとに基準を設定し、最初の半期で同社の定めた認定基準をクリアすれば、次の半期からスーパースターセールスと認定され、報酬体系が変わる。最高水準の「年間個人売上1億円」を達成できれば、その10％、つまり年収1000万円が稼げる。スーパースターセールス制度は2016年9月に導入したばかりだが、「初年度は年収700万円の販売員が2～3人出そう」（谷氏）という。

平均年齢29・2歳の同社の平均年収は513万8000円（いずれも2017年2月期）。アパレル業界の平均を上回る給与水準だが、谷氏はそれに満足してはいない。

「確かにアパレル業界内では高い方かもしれないけれど、他業種も含めた日本企業全体から見ると、まだまだ低水準。例えば外資系コンサルティング会社には負けるし、ＩＴ系のメガベンチャーにも負けている。学生が就職活動する時は、アパレル業界内だけで企業の待遇を比べているわけではない。企業として前向きに利益率を上げていくと同時に、社員の給与水準も引き上げて、業界の地位をもっと高めていきたい」（谷氏）

「販売」ではなく、「営業」しろ

トウキョウベースの店舗運営で特徴的なのは、店長の裁量が大きい点だ。店長は自分の店にどんな商品を仕入れるか決めることができるし、販売促進策を自分の判断で始めることもできる。販売員も多様な成果報酬があるため、自発的に様々な営業努力をするようになる。

第1章で見たように、アパレル販売員の使い捨ての問題は深刻さを増している。努力してもそれが給与に反映されず、若い時期を捧げた割に、後にはほとんど何も残らない。そうしたアパレル業界の販売員のあり方について、谷氏はこう指摘する。

「販売員は、お客さんの『服を買う理由』の一つになれないと意味がない。そうでなければネット通販に簡単に取って代わられる。ただ、これまでのアパレル業界で販売員の給料が低かったのは仕方がない面もある。例えば生命保険の場合、お客さんが向こうから来てくれるわけではなく、営業が自分で需要を切り拓かないと売り上げが確保できない。一方、アパレル業界はお客さんが来てくれるので、どうしても待ちの姿勢になる。だからこそ社内では『販売じゃなくて、営業をしろ』といつも言っている。我々の取り扱うアパレルは嗜好品で、そもそも顧客ニーズはない。そこをどう切り拓いていくかを考えるのが『営業』だし、それが店頭で接客する販売員の仕事だ」

「アジアのLVMH」へ、第一歩は香港

トウキョウベースに対する投資家の注目度は、日増しに高まっている。同社の時価総額は約400億円（2017年3月末時点）。既に三陽商会（約210億円、同）の2倍近い評価を受けている。売上高で10倍以上も差があるセレクトショップ大手のユナイテッドアローズの時価総額（約1000億円、同）と比較しても、半分近くに迫る。

「アパレル業界全体が不振に陥っているとは感じない。一社一社見ていけば、成長している企業もある。ただ市場が縮小する中で、ブランドやアパレル企業、商業施設が多すぎて、不振だと感じる関係者が増えたということだろう」

そう話す谷氏が目指すのは、「アジアのＬＶＭＨモエヘネシー・ルイヴィトン」だ。持ち株会社が傘下に様々なブランドや業態を抱えることで、グループ全体として成長していく将来像を描く。

「ステュディオスの売上高は年２００億円、ユナイテッドトウキョウは年３００億円くらいが上限になるだろう。これからは第三、第四の業態を出していきたい。有力なブランドを買収して、我々がビジネス面をカバーして成長を加速させていく」（谷氏）

「アジアのＬＶＭＨ」が意味するところは、様々な業態を複合的に抱えるビジネスモデルであるということだけではなく、世界規模でのブランド展開も含む。２０１７年４月、中国・香港にステュディオスとして初の海外出店に踏み切った。取り扱うのはもちろん、日本のブランドのみだ。

谷氏のビジネスモデルは、計数管理を徹底しながら原価率の高い良質な商品を適正規模で生産し、それを売る販売員が意欲的に仕事に取り組めるよう待遇向上に努める、というものだ。

多くのアパレル企業が、甘い計数管理のまま原価率の低い商品を大量生産し、販売員は使い捨てにすることを前提に低い処遇に留めている。谷氏は、長く続くアパレル業界の〝悪習〟を否定してトウキョウベースの成長につなげた。

谷氏のような経営者が、業界の「中」から生まれたことには大きな意味がある。経営者の覚悟次第で、アパレル企業が変われると証明したからだ。

PART 2

オープン戦略で世界市場を切り拓く

――産地を変える岡山生まれの「桃太郎ジーンズ」

「行くしかないな」

２００８年、ジャパンブルー専務の眞鍋徳仁氏はベルギーの首都、ブリュッセルで高速鉄道に飛び乗った。行き先はオランダの首都、アムステルダム。大事に抱えたボストンバッグの中には、地元岡山県の自社工場で丹精を凝らして作った「桃太郎ジーンズ」のサンプル商品が詰め込まれていた。

当初、出張はベルギーのアントワープで終わるはずだったが、日程を延長して国境を越えた。ブリュッセルで個人経営の衣料品（アパレル）ショップに飛び込み営業をかけた際、そこのオーナーからこんな話を聞いたからだ。「うちでは扱えないけど、アムステルダムで新しく店を出そうとしているやつがいる。彼なら買ってくれるかもね」。

アムステルダムに着くと、出迎えてくれた若いオーナーの自宅で商談が始まった。サンプルを手にして生地の製法について熱心に説明する姿に、オーナーはこう告げた。「高品質な日本のジーンズを扱いたかったけれど、どんなブランドがあるのか分からなくて困っていたんだ。是非、これをうちの店で扱わせてほしい」。

日本生まれの「桃太郎ジーンズ」が欧州での第一歩を踏み出した瞬間だった。

商社や代理店を使わなかったワケ

徳仁氏は桃太郎ジーンズを手掛けるジャパンブルー創業家の長男。2008年、海外展開の責任者としてフランスの首都、パリに単身で乗り込み、現在も同地を拠点に販路の開拓を続けている。

日本の大手アパレル企業は本当の意味で海外を販売市場ととらえてはいない。商品を売り込むにしても、言葉の壁や現地の商売慣行に疎いという事情があり、商社や代理店を使うのが一般的だ。苦労をしてまで、すべて自分でやろうとする企業は少ない。

一方、徳仁氏はこう語る。

「関税や日本からの輸送代もかかるので、うちのジーンズは欧州で売ると1本300ユーロ（約3万6000円、1ユーロ＝120円換算）になる。高級ブランドのジーンズと同じ価格帯だ。小売店から『なぜその値段が付いているのか』と聞かれた時に、会社の生い立ちから始めてデニム生地や縫製へのこだわりを徹底して語れないと、とても買ってはもらえない。商社や現地の代理人を使って販路を開拓することも考えたけれど、彼らも当然ビジネスなので、売るのに手間がかかる商品よりも、簡単に売れそうな商品に力を入れる。それなら自分でやるのが一番早いと考えたのが、すべての始まりだった」

旧式の力織機にこだわる

「きゃりーぱみゅぱみゅ。皆さん、ご存じでしょうか。この人の人気と、岡山の桃太郎ジーンズの海外売り上げの倍増。ともに、フランスで放送された日本の番組がきっかけでありました」――。2013年5月、安倍晋三首相が行った成長戦略第2弾に関するスピーチの中で、クールジャパン戦略に絡めて桃太郎ジーンズが取り上げられ、一躍、世間に広まった。

桃太郎ジーンズが誕生したのは2006年。1965年に日本で初めてジーンズの生産が始まった場所として知られる岡山県倉敷市の児島地区で、創業者の眞鍋寿男社長が1992年に生地メーカーの「コレクト（現ジャパンブルー）」を立ち上げたことから始まる。

古くから繊維産業の一大集積地として全国的な知名度を誇った児島地区も、中国が世界の工場として織物や縫製に力を入れ始めると、価格競争が激化。かつては全国からの受注で賑わった工場は閉鎖が相次ぎ、空洞化が進んでいった。

若い頃からそんな光景を見てきた創業者の眞鍋氏には一つの確信があった。「大量生産で中国と戦っても絶対に負ける。それなら日本でしか作れない商品にこだわるしかない」。

独自性の高いデニム生地を作るため、他社の工場でほこりをかぶっていた約半世紀前の旧式力織機(りきしょっき)を買い集めた。力織機とは動力を用いて自動で生地を織る機械のことで、それを自分たちの手でカスタマイズして生地を作ることから始めた。

2017年1月、同社の工場を訪れると、10台の旧式力織機が激しい音を立ててデニム生地を織り上げていた。床に積み上がった繊維屑も濃紺で、完成した生地の色の濃さが窺い知れる。同織機1台当たりの生産能力は1時間に5メートル程度。ジーンズに換算すると2本分にしかならない。最新鋭の織機なら同じ時間で5～6倍の量の生地を織ることができるが、それでも旧式にこだわるのには理由がある。

ジーンズの愛好家は穿き込むことで起こる色落ちやねじれなどの変化を楽しむ。最新式の織機だと織る力が強いので生地表面が均一になるが、旧式はゆっくりと織るため、表面に綿本来の凹凸が生じて、絶妙なムラが出る。これが、穿き込んでいくうちに美しい色落ちにつながる。さらに、旧式力織機はもう生産されていないため、他社が同じような生地を作ろうとしても、そもそも織機自体を手に入れることが難しい。

眞鍋氏の指や爪は、今でも薄い藍色に染まっている。創業間もない頃、工房を作って自分の手で藍染めの試行錯誤を繰り返してきた。今でも時間を見つけては工房に立つ。「職人が何を考え、仕事に取り組んでいるのか。自分の体験として学ばなければ、それをビジネスにつなげることはできない」という持論があるからだ。

岡山県倉敷市にある本店には旧式力織機よりもさらに古い木製の人力織機を置いている。手織りのデニム生地を使った、最高級の手作りジーンズを作るためだ。

レプリカブームで躍進、そして海外へ

当初、眞鍋氏が手塩にかけたデニム生地は、国内のジーンズメーカーから値段が高すぎると敬遠された。しかし、高い品質に目を付けた海外の高級ブランドや国内の著名デザイナーから徐々に注文が舞い込むようになった。そこに追い風となったのが、「ヴィンテージブーム」だ。

１９９０年代、年代物のジーンズがヴィンテージと呼ばれ、若者の間で大人気となった。古着にもかかわらず、１本数万円から10万円を軽く超えるものまで飛ぶように売れたが、

米国からめぼしい輸入品が少なくなると、今度は古いデニムの形や製法を参考にして日本で新品を作る「レプリカブランド」が人気を集めるようになった。こうしたブランドが求めるのは旧式力織機で織られた絶妙なムラのある生地、つまり眞鍋氏の作ってきた商品だった。

人気のレプリカブランドに生地を供給する一方、業容をさらに拡大するため、２００５年にオリジナルブランドとして「桃太郎ジーンズ」を商標登録し、２００６年から本格的に販売を始めた。眞鍋氏は当時のことをこう振り返る。

「桃太郎というネーミングは、社内で大反対された。でも、我々は岡山のジーンズメーカー。ブランドを作った時から海外進出を視野に入れていたので、『我々はこういう存在です』と海外で説明できる名前にしたかった」

ジーンズはユニクロや欧米ファストファッションの登場によって大きな影響を受けた。安ければ２０００円以下、品質が高くても５０００円以内で買えるのが当たり前となり、国内ジーンズ大手の倒産や業績悪化につながっている。

そんな市場環境でも、１本２万円以上する桃太郎ジーンズは着実に売り上げを伸ばしてきた。「うちのジーンズは最初からユニクロやファストファッションと戦っていない。彼らが市場全体のすそ野を広げてくれるなら、むしろありがたいくらいだ。そこからジーン

ジャパンブルーは旧式力織機でデニム生地を織る。生産能力は１時間でジーンズ２本分程度だが、独特の色落ちが楽しめる

ズを穿くようになって『もっと質の高いものが欲しい』とこだわる顧客が出てくれば、うちの商品を選んでもらえる」（眞鍋氏）。

「10年保証します」。直営店で桃太郎ジーンズを買った客は、必ず一枚の証明書を手渡される。それがあれば、縫製の擦り切れやファスナーの破損などを10年間無料で修理してもらえる。低価格帯のジーンズにはできない付加価値を付け、差別化を鮮明にしている。

創業初年度に1億円程度だったジャパンブルーの売上高は、２０１７年２月期には40億円を突破した。中期計画では２０２０年２月期に50億円を目指している。そんな彼らにとって、成長のカギを握るのが海外市場だ。

アナログな世界に、泥臭く飛び込む

冒頭で紹介したように、海外戦略の中心となっているのが眞鍋氏の息子で専務の徳仁氏だ。

着実に販路を広げていったが、2010年頃に大きな壁にぶち当たっていた。欧州では日本で「スキニー」と呼ばれる、体にフィットした細いジーンズが主流だ。桃太郎ジーンズは日本では一般的な太さだが、欧州の顧客からは「太いし、高い」という声も聞こえていた。そこで、海外市場を本格的に攻略するための新ブランドとして「ジャパンブルージーンズ」を立ち上げ、勝負をかけた。欧州で流行している細身のラインを軸に、桃太郎ジーンズよりも種類を増やし、1本当たりの価格も抑えた。

目標として設定した販売本数は4000本。「これだけまとまった量を協力工場に発注すれば、上客として工場側が料金の割り引きに応じてくれる」(徳仁氏)。誕生したばかりのブランドとしては異例の発注数だった。徳仁氏は当時をこう振り返る。「どうやって売り切るかと最初は悩んだけれど、これを達成できないようでは世界で戦うなんてとても無理だと思い切った」。

そこから、パリを拠点に欧州から米国まで、取引先の開拓に飛び回る日々が始まった。「3カ月以上ずっと出張して、欧米通算で50都市以上を回った。そうやって自分の足で回って、自分の言葉で説明していると、ゆっくりと今につながる有力取引先を開拓できるようになった。日本にいると、欧米はデジタル先進国というイメージがあるけれど、実際は人のつながりなど、非常にアナログな部分を重視する世界。例えば欧州では小売店間のつながりが強く、オーナー同士が国をまたいで知り合いという場合が非常に多い。そんな情報はインターネットでいくら調べても出てこない。泥臭くそこに飛び込んでいかないと、そういうつながりを見つけることすらできない」(徳仁氏)。

太さや価格帯を現地のニーズに合わせて調整したジャパンブルージーンズは、徳仁氏が文字通り自分の足で開拓した小売店を通じて着実な売り上げを記録し、目標の4000本をわずか1年ほどで売り切った。

後発組は「一緒に市場を作る仲間」

ジャパンブルーは2017年時点で、海外26カ国、約100店舗に商品を卸すまでになり、同社の商品を取り扱う海外小売店のリストをネット上で公開している。後発組の国内ジーンズメーカーが、そのルートをたどって小売店に営業をかけても全く構わないという。「欧米には『日本のデニム』という市場がまだない。それをうちだけで作ろうとしても絶対に無理。ほかの国内ジーンズメーカーは一緒に市場作りを頑張ってくれる仲間だと考えているので、我々の取引先に営業しても構わないし、実際に取り引きが始まった他社のブランドもある」（徳仁氏）。

モノ作りの巧みな「技」をアピールする日本のアパレル企業は多い。しかし、それを世界に売り込みたいと思うなら、技術を知り尽くし、自分の言葉で情熱を伝えなくてはならない。ジャパンブルーの成功はそれを教えてくれる。

商社や代理店に任せるのではなく、自分の手足を使った泥臭い営業が世界市場を切り拓く最短で最善の手段だ。その覚悟がないのであれば、海外進出は諦めた方がいい。

また多くのアパレル企業にとって重要なヒントとなるのが、ジャパンブルーの開かれた経営姿勢だ。

たとえ海外市場で注目を集めたとしても、成功の果実を独り占めするようであれば、より大きな市場の開拓は期待できない。ジャパンブルーは自力で開拓した海外の販路を惜しげもなく公開し、ライバルが続くことを期待している。国内のジーンズ産地が力を合わせて、「日本のデニム」そのものを世界に売ることが目的だからだ。

日本のアパレル業界が苦戦する一因には、業界内のライバルの動向ばかり気にして、大局で物事をとらえようとしない姿勢がある。閉鎖的な内向き志向から脱することができるか。ジャパンブルーは日本のアパレル業界に「殻を破れ」と訴えているようにも見える。

PART 3

服を売ることだけが商売ではない

——多角化に挑むストライプインターナショナル

「服、借りホーダイ！」。２０１５年9月に始まった「メチャカリ」は、衣料品（アパレル）業界を驚かせた。サービスを開始したのはストライプインターナショナル（旧クロスカンパニー）。１９９４年に岡山県でセレクトショップとして創業した。

１９９９年にはＳＰＡ（製造小売業）に乗り出し、若い女性に人気の「アースミュージック＆エコロジー」などのブランドを開始。15ブランドを国内外で展開し、全国で７００店舗以上を運営している。連結売上高は１２００億円を超えた（２０１７年1月期）。大手アパレル企業のＴＳＩホールディングスに迫る売上高で、「第二のユニクロ」と称されることも多い。店舗とインターネット通販の登録会員を２０１４年に統合し、２０１７年4月時点の会員数は約３９０万人。これは、セレクトショップ大手ユナイテッドアローズの３０３万人を超える数だ。

このストライプが始めたメチャカリは、１カ月５８００円で服を何点でも借りられる自社ブランドの衣服レンタルサービスだ。同社が展開する「アースミュージック&エコロジー」「グリーンパークス」「アメリカンホリック」「コエ」など複数のブランドから1カ月に無制限で何度でも借りられる。扱う商品は、数千円のトップス（ブラウスやセーターなど）から数万円のアウター（コートやジャケットなど）まで合計1000点以上。60日以上借り続けた商品は、返却せずにそのまま自分のものにできる仕組みだ。

既存のレンタルサービス会社は、基本的にアパレル企業から商品を仕入れて貸し出す。一方、ストライプは自社の商品を貸す。これまでは、レンタルサービスが普及すれば新品の服が売れなくなり、アパレル企業の売り上げが落ちると考えられてきた。だがストライプは、そこにあえて切り込んでいった。

「自分たちのビジネスが共食いになるのは覚悟の上。やらなければ海外企業やIT（情報技術）企業に一気にアパレル業界の利益を持っていかれる」（ストライプインターナショナルの石川康晴社長）

「食い合う」どころか新規利用者が取れた

当然、やみくもにサービスを開始するのではなく、検証には念を入れた。サービス開始前に一般利用者500人に使ってもらったのだ。

テストで検証したシナリオは3つ。1つ目は、レンタルを始めた利用者が、ストライプの洋服を買わなくなるケース。これがアパレル企業が恐れ、レンタルサービスを始められない理由でもある。2つ目は、洋服は買うものの、買う点数や金額が減るケース。3つ目は、何も減らずにレンタルの月額分だけ売り上げが純増するケース。石川氏は1つ目と2つ目のケースを危惧していた。

蓋を開けてみると、結果は店舗もネット通販も売上高は少しも減らなかった。「サービスを開始する価値はあると思えた」(石川氏)。

想定外はほかにもあった。それは利用者層だ。2015年9月、メチャカリがスタートした当時、ストライプの会員数は340万人だった。メチャカリの登録者のどれくらいを既存会員が占めるのか想定した際は、当然、ストライプのブランドになじみがある既存会員が多いと見込んでいた。

しかし、実際に始めてみるとメチャカリ登録者の3分の2が新規ユーザーだった。つまり、それまでストライプに接点のなかった新しい顧客を取り込めたのだ。

貸した商品を中古品として販売

　メチャカリは、ストライプにさらなるビジネスチャンスを生み出した。サービス開始と同時に、自社商品の中古品販売を開始したのだ。レンタル後に返却された商品を半額以下で自社サイトやアパレルネット通販大手の「ＺＯＺＯＴＯＷＮ（ゾゾタウン）」で販売している。

「中古品の難しいところは、１００点の商品があれば、１００通りの状態が存在していること」（メチャカリを担当するストライプの澤田昌紀氏）。中古品の商品の状態は千差万別。そのため、レンタルで戻ってきた商品を一つ一つ検品し、クリーニングし、もう一度貸し出すよりは、検品のみで中古品を販売した方が儲かると踏んだのだ。

　通常のレンタルサービスの場合は、他人が着用したものを何度もクリーニングして貸し出す。しかしメチャカリでは文字通り新品の洋服が、値札の付いた状態で送られてくる。

　利用者が60日以上借り続けた洋服は、返却しなくていいという仕組みもユニークだ。エアークローゼットなどのほかのレンタルサービスでは、借りた洋服を利用者が買い取ることはできるが、無料ではない。

「２カ月間返却しないということは、結構な頻度で使っているはず。そうであれば、その

まま差し上げた方が、利用者にとっても当社にとってもメリットがある」（澤田氏）
「新品レンタル」「中古品販売」「60日以上借り続ければ返却不要」。自社で商品を手掛けるアパレル企業でなければ、これらのサービスを連動して提供することはできない。

インフラは既にあるものを利用

メチャカリのほとんどの機能は、既にあったネット通販のシステムや物流システムを応用することで成り立っている。利用者が借りたい商品を選び、ストライプが発送する。これはネット通販の仕組みと全く同じだ。貸し出した商品の返却についても、ネット通販や実店舗から不良品などが戻ってくる際に使っている「お直しセンター」への返品の仕組みを使う。課金システムは月額制だが、これも既存システムの調整だけで作り上げた。

「メチャカリ専用在庫」もなく、同社のネット通販で在庫として管理しているものをメチャカリでも活用する。ネット通販から注文があれば新品を販売し、メチャカリから注文があれば新品を貸し出すというわけだ。レンタルもネット通販と同じ在庫管理のため、商品が売り切れた時点で、レンタルを終了する。

メチャカリの有料会員数は5000人で、アプリのダウンロード数は40万を超える（2

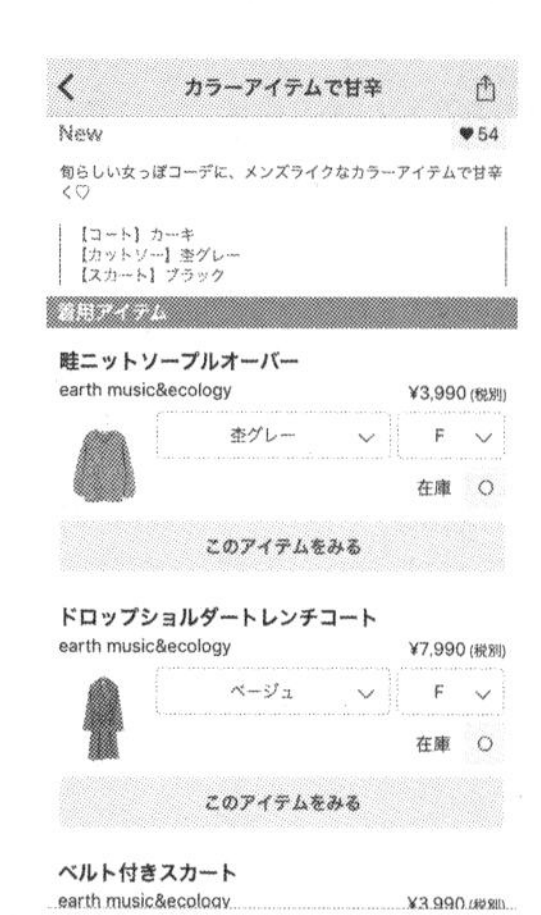

2015年9月に始めた「メチャカリ」。単品のみならず、コーディネートを一括で借りることもできる（メチャカリのアプリより）

メチャカリで送られてくる洋服はすべてタグが付いた新品

０１７年２月時点）。将来はより大きなレンタルプラットフォームを作り、他社のブランドも扱うつもりだ。

石川氏は「この先も新品の洋服を売ることだけで成長を続けるのは１００％無理」と考える。主軸はアパレル事業であっても、そこだけではじり貧になる。アパレル事業については、川下を伸ばしながら、少しでも市場を広げることを目論む。既に「トム・ブラウン」や「メゾン・キツネ」といった海外の新興ブランドに出資しており、事業ポートフォリオを広げることにも積極的だ。

さらに、米シリコンバレーのネット通販関連会社や物流会社など、テクノロジー企業への投資も行う。「旬のアパレルブランドだけをどんどん買って連結していく時代は終わっている」（石川氏）。

東京・渋谷にホテルをオープン

ストライプは、２０１７年にホテル事業への参入を発表した。全くの異業種への挑戦だが、自然な流れだと石川氏は説明する。

「アパレル不況の要因の一つは、洋服が生む高揚感が減っていることにある。洋服以外で

欧米展開を見据えて開発したブランド「コエ」。2016 年 11 月には東京・自由が丘に飲食店を併設する店舗をオープンした

私たちが次にどんな高揚感を提供できるのかを考えた結果だ」（石川氏）

ホテルの場所は東京・渋谷。商業施設「渋谷パルコ２」の跡地の一部を活用した。地下１階、地上９階建てのビルのうち、１〜３階部分を不動産開発のヒューリックから借り、延べ床面積は約１５００平方メートル。同社が展開するブランド、コエのグローバル旗艦店と位置付け、１〜２階に衣料品や雑貨販売、飲食スペースを設け、３階でホテルを営む。「買い物や飲食を楽しんだ後に、そのまま同じ建物内で宿泊できる場所になる」（石川氏）という。

ホテルの客室には、同社ブランドのアパレルや生活雑貨などを置く予定だ。コエは欧米展開を見据えたブランドと位置付けており、外国人旅行者が多い渋谷に旗艦店を設けて認知度を高める。

「利益の3割投資」と「負けのシナリオ」

アパレル以外に飲食やホテルといった新規事業に積極的に取り組む姿勢は、バブル時代の多角経営を彷彿させるかもしれない。しかし、新規事業は2つの明確な指針に基づいている。一つは「利益の3割投資」、もう一つは「負けのシナリオ」だ。

同社では、主力事業で稼いだ営業利益の30%を「未来投資」に回す。例えば、アースミュージック&エコロジーやグリーンパークスといった営業利益率が5%を超える主力事業で稼いだ利益の一部を新たな投資に使う。アースミュージック&エコロジーが軌道に乗り始めた2000年代後半から始めたものだが、1年に1〜1・5件の新規事業を生み出している。常に新規事業の種をまいておき、着々と育て続けることで、未来に備える戦略だ。

「負けのシナリオ」とは、徹底的な数字管理のことだ。投資額と投資期間を、事業の立ち上げ前にはっきり決めておく。2016年に立ち上げたブランドのコエの場合、投資額は50億円。この金額を投じてなお黒字化の見通しが立たない場合、全店撤退もしくは赤字店舗は撤退。赤字店舗のみ撤退する場合は、速やかに残りの黒字店舗でどう事業を建て直す

ハンドクリームや化粧ポーチなどを扱う「メゾン ド フルール」

アイスクリームショップの「ブロック ナチュラル アイスクリーム」

のか検討すると決めていた。

特に、ノウハウを持っていない領域や業態に進出する場合は、撤退基準となる投資額は低めに見積もる。

2013年に開始したハンドクリームや化粧ポーチなどを扱う「メゾン ド フルール」、2014年に立ち上げたアイスクリームショップ「ブロック ナチュラル アイスクリーム」などがこの基準に当てはまる。「アパレル関連事業は経験上3年で離陸できないものは市場とずれている。情緒的にブランドを管理せずに、数字で決める」(石川氏)。

新規ブランドを展開する際、まず1店舗出し、その店が黒字化してから次の出店を考えるアパレル企業は少なくない。これに対してストライプでは、国内の大手アパレル企業が退店した売り場を狙って、一気に新規出店することもある。投資額と撤退ラインを明確に決めておけば、出だしの数店舗までは、戦略的に赤字を出しても攻めることができる。

「負けのシナリオ」が徹底しているからこそ、「攻めの戦略」を展開できるというわけだ。

「新品の洋服を売る」だけでアパレル企業が潤う時代は終わった。今では消費者が価値観やライフスタイルを表現するアイテムは洋服だけではないからだ。であれば、アパレル企業が提供するのは何も洋服に限らないはずだ。

新規事業の開発やM&A(合併・買収)に挑戦し、飲食・ホテル事業に業容を広げるストライプは10年後、もしかすると「アパレル企業」と呼ばれていないかもしれない。「変化する者だけが生き残る」。ストライプの挑戦する姿から、従来型のアパレル企業が学べることは多いはずだ。

PART 4

「来年にはゴミになる」服を作らない

――持続可能なモノ作りを目指すミナペルホネン、パタゴニア

「その服は、一昨年に発売したワンピースです。腕の部分の形が特徴的なんです」

丁寧に説明する店員の姿は、普通の衣料品（アパレル）ショップと何ら変わらない。ただ一つだけ、大きな違いがある。それは店員が2年前の商品を説明しているところだ。

場所は、JR京都駅から北へ2キロメートルほど進んだ河原町にある路面店「アルキストット京都」。デザイナーズブランド「ミナペルホネン」の店舗だ。売り場には、同ブランドの洋服がずらりと並ぶが、どれも今シーズンより前に発売された商品だ。ミナペルホネンではそれをアーカイブと呼び、販売し続ける。

アパレル業界では通常、シーズンごとに商品群（コレクション）を発表し、シーズンの終了間際まで売れ残るとセールで値引きをして売りさばく。それでも売れなかった場合、商品は廃棄などの道をたどる。だがミナペルホネンは、こうした商品サイクルとは無縁だ。

セールで安売りしない

ミナペルホネンは、デザイナーの皆川明氏が1995年に創業した。すべての商品を生地から手掛けて、幅広い年齢層の支持を得ている。

特徴は絵柄だ。鳥や蝶、花や木といった模様で、ブランド設立以来、その数は約700種類に上る。どの絵柄も手描きであったりちぎり絵のように紙を重ねたりと、手作業でデザインされる。

柄だけではない。生み出した絵柄をどういう素材で生地にするかも、自ら考える。柄と生地の組み合わせを工夫し、これまでの22年間で生み出した素材は数千に上る。図案を描いてから生地の見本ができるまで、デザインの構想も含めると1年かかるものもあり、平均でも3〜4カ月はかかる。

例えば「フォレストパレード」という柄は、花や鳥といった絵柄が37個並ぶ独特のレース。37の絵柄を1反の布に68本刺繍するには3日間、朝から晩まで機械を動かし続ける必要がある。水に溶ける布に刺繍を施し、布を溶かすと刺繍糸の部分が残る。これを洋服に付けると、それぞれの絵柄が揺れるように動く。立体的なデザインのため、レースの縫い方が複雑でデータ化するだけで1カ月以上かかったという。

このフォレストパレードは、２００４年の発表後、ミナペルホネンの定番となり、毎シーズン、何らかの商品が出ている。

ほかにもドットで円形を描いた柄の「タンバリン」や、線で描かれた蝶の柄はミナペルホネンの定番だ。こうした定番の柄は、毎シーズン異なる色や生地を使って商品化される。各シーズンで発表する柄は20前後で、過去に発表した柄も利用する。

ミナペルホネンのモノ作りに対する姿勢は、第1章で紹介したアパレル産業を衰退させた要因のすべてに対するアンチテーゼととらえることができる。

ミナペルホネンでは、短期間に大量の商品を作らない。特定の店舗では、何年前の商品であっても売り続ける。「売れ残る」概念がないため、セールでの値引き販売はしない。当然、商品を大量に廃棄する必要もない。業者に丸投げのモノ作りとは異なり、生地から最終商品まで、モノ作りのすべての工程に責任を持って携わる。「使い捨て」と揶揄される店舗の販売員には70代の店員もいる。

いずれも、国内アパレル産業の逆を行くのがミナペルホネンのやり方だ。

ミナペルホネンの定番柄「タンバリン」

いい商品を適正価格で売る

商品にもよるが、ミナペルホネンでは製造原価に一定額の利益を乗せて販売価格を決定することもある。2万円の原価の商品にも、10万円の原価の商品にも、一定額の利益を上乗せしたものを販売価格とするのだ。

　通常のアパレル企業の場合、製造原価に対し、利益率を計算して上乗せする。そのため、原価の高い商品は相応の利益も上乗せされる。一定額の利益を上乗せする場合、高い原材料のものの方が、他社と比べた場合に価格競争力が生まれるため、必然、それが売れる。「高い原価率を実現することで、『いい商品を適正な価格で売っている』と認識され、結果としてブランド価値も上がっていく」（皆川氏）。

生産面では余剰在庫をできるだけ作らない。「売り場すべてに大量に在庫が揃う必要はない。直営店では需要予測の八掛けくらいのつもりで生産する」（皆川氏）。それでも余剰在庫が発生したら、アルキストットやオンラインストアで「アーカイブ」として販売する。売り切れて商機を逃すことを恐れ、店頭に商品を多めに積む従来のアパレル企業とは逆の発想だ。

もう一つの工夫が「別注商品」だ。ミナペルホネンでは、春夏、秋冬という年2回の卸向けの通常コレクションのほかに、直営店向けの「ランドリー」や「ガレリア」といった独自コレクションを展開している。これらは春夏や秋冬などのシーズンに関係なく、過去の柄や生地を有効活用して、少量生産するものだ。

皆川氏は別注商品の役割をこう説明する。「春夏や秋冬という1シーズンを1日にたとえると、通常コレクションではその日の閉店前に『売り切れました』という札を出して、『代わりに、ちょっとだけ作ったこんなものがあります』というラインを直営店用に作ってロスをなくす。そうすれば、春夏、秋冬のコレクションラインもなるべく早く売り切ることができる」。

ミナペルホネンの創業者兼デザイナーの皆川明氏

余った布も有効活用する

生産過程にも、アパレル業界の大量生産へのアンチテーゼを垣間見ることができる。余剰材料を適正に管理していることだ。

切って余った生地は、普通ならば捨ててしまう。だがミナペルホネンでは、それを取っておいて新しいボタンやバッグを作る。

通常、アパレル企業は「余って捨てる生地の切れ端」も原料コストに含んでいる。それを別の製品に有効活用することができれば、原材料の歩留まりを高めることができ、それは企業にとって大きな利益をもたらす。製造工程で捨てる部品や部材をなるべく減らして利益率を高める。自動車や電機などの製造業では当たり前のことが、アパレル業界では徹底されていなかった。

皆川氏は説明する。「生地は大体、7割くらいしか商品に使われません。襟、袖、前身頃、後ろ身頃など、パターンごとにカットしていくと、どうしても残る3割は捨てざるを得ない。原料の3割をロスしている企業が、利益率の高い商品を作るのは大変なこと。けれど、原料の99％を使い切れるなら利益は出しやすくなる。これは経営面でとても大きな意味を持つ」。

時間と手間をかけて商品をつくる

ミナペルホネンで型紙を作るパタンナーとして働く中田明紀氏は、国内の大手アパレル企業に勤めた経験を持つ。転職して10年以上が経つが、転職当初、同社のモノ作りの姿勢に驚いた。「パタンナーが直接、縫製工場に行って、仕様の相談をすることも多い。縫製工場とパタンナーが直接話し合いながら仕様を決めていく。前職ではそうしたことはほとんどなかった」（中田氏）。前職では、デザインができてから店頭に並ぶまでたった1カ月しかないこともあったという。

ミナペルホネンでは店舗で余り布そのものを販売したり、余り布で作成したバッグなどを販売したりする

以前は短期間で大量に生産するのでスピードを何よりも優先し、機械でいかに縫いやすいかを考えながらパターンを引くことが多かった。なるべく手作業が発生しないことが良しとされていたのだ。

だが今は、「まずどんなものを作りたいのか考え、仮に手作業が必要でも、それを工場に受け入れてもらえる。もちろん同じ見え方で、より強度を保てたり、コストを下げられたりするなら、機械を選ぶこともある。作りたいものを実現するためであって、手作業が一番良いと思っているわけではない」（中田氏）。

時間と手間をかけて、作るべきものを作れる環境が、ミナペルホネンにはある。もちろん時には急な対応に迫られることもあるし、コレクションの発表前は慌ただしく作業に追われる。それでも「生地が出来上がる過程を自分の目で見ているので、急な増産やパターンの変更にも柔軟に対応できる」と中田氏は語る。

ミナペルホネンのこうした経営方針は、効率や利益を最大化することが良しとされている大手アパレル企業とは一線を画す。アパレル業界には大量生産によって同質化した商品があふれ、消費者はそれに飽き、産業そのものが衰退しつつある。高コストであっても、作るべきものを作るミナペルホネンのようなブランドでなければ、もう生き残れないのかもしれない。

あるセレクトショップ大手の中堅社員は、ミナペルホネンのモノ作りの姿勢をこう評価する。「マーケットインの観点で作ったとしても、売れ残りは多い。結局は定価で売れず、セールになるのが関の山。同質化した商品があふれる中で、ミナペルホネンのようなプロダクトアウトのブランドは際立っている」。

「短期間の大量生産」は何も生まない

第1章で説明した通り、日本のアパレル産業は成長の過程で、サプライチェーンの分業化を進めていった。押し寄せる膨大な需要に応えるには、それぞれの企業が得意分野に特化して分業化を進めるのが合理的であり、リスクも軽減できると考えられていた。

糸や生地のメーカーや染色業者が「川上」で大量に「部品」を作り、「川中」のアパレル企業が商品を「企画」し、縫製工場が「製造」を担う。大量に生産された商品は、「川下」の百貨店やショッピングセンター（SC）にごっそりと納品され、一気に売られる——。需要が拡大し続けるのであれば、こうしたモデルが合理的なのかもしれない。

だが、川中にあるアパレル企業が膨張して多数のブランドを保有するようになってからは、事情が変わった。社内にある複数ブランドがそれぞれでサプライチェーンを抱え始め、効率性や合理性が一気に薄れたのだ。そして、分断されたサプライチェーンをつなぐ商社の存在感が増し、アパレル企業の「商社丸投げ」が常態化した。

責任を持って商品を作り、責任を持って売る。川上から川下までコントロールできれば、より合理的なモノ作りができると皆川氏は言う。「ブランド設立当初から、商品は長く着てほしいと思っていた。そのためには、生地や糸の段階から自分たちでコントロールしなければならない。生地を問屋やメーカーに任せていては、欲しい時に手に入らないこともある。その意味でも、素材から作ることが欠かせない」。

ミナペルホネンの姿勢は、百貨店との付き合いにも表れている。大手百貨店にも商品を卸しているが、取引形態は買い取りのみだ。

通常、百貨店業界では伝統的に、アパレル企業などと「消化仕入れ」という独特の契約を結んでいるが、それが「売れなければ、アパレル企業に返せばいい」という百貨店側の甘えの温床となってきた。

「リスクを持って仕入れなければ、売る側も気持ちが入らない。売り上げを立てたつもりなのに戻ってくるのは、ちょっとおかしいと思う。責任を持って仕入れてもらう取り引きであれば、それに見合った商品を作らなくてはならないと思い、それが互いに良い緊張感となる。余剰在庫ありきの考え方では、仕入れ担当者も、売り場の販売員も本気で売らなくなる。結果、最初からセールによる値下げを見込んだ価格を設定するという、矛盾をたくさん内包した商売をすることになる」と皆川氏は語る。

皆川氏にとってみれば、毎シーズン商品が入れ替わる商習慣そのものが異様に映るという。良い商品であれば、簡単に時代遅れにはならないはずだ。皆川氏の祖父が家具職人だったことも、この考え方に影響を与えている。「良いデザインは受け継がれる」という思いが、皆川氏の根底にはある。「デザインは、生理的に受け入れられるか否かという側面が大きい。それは短期的に好きになったり嫌いになったりするものではない。そういう意味では、洋服だって、時代や環境の変化によってバージョンアップするくらいのサイクルで回ればいいんじゃないか」。

毎シーズン新商品を生み出すサイクルは、モノ作りの観点から見てもメリットが少ない。「今までのファッションは、半年ごとに商品の価値を〝ゼロ〟にしてしまい、振り返りがない。セールを通して過去の商品の価値を低く見るので、継続的な検証が途絶えてしまう。これは継続して商品を作る方にとっても良くない」。

ミナペルホネンには長く使うからこそ価値が出ることを端的に表現した商品もある。「ドップ」という家具のために開発された生地だ。表裏が別々の色で、椅子などに張って使う。使い込んで摩耗すると表の生地がすり減り、裏地の色が出てくる。5万回程度の摩擦でようやく裏地が出てくるため、世代を超えて使い続けられるのだという。

77歳の男性店員のいる店舗

2016年9月に東京・表参道にオープンしたミナペルホネンの店舗「コール」を見ると、彼らの人材に対する考え方も伝わってくる。コールには70代の販売員が勤務しているのだ。若手スタッフは70代の社員を「先輩」と呼ぶ。文字通り、人生の先輩だ。

そのうちの一人、山田広嗣（ひろし）さんは77歳。前職は陶磁器メーカーの機器営業マンだった。「100歳でも歓迎します」という採用広告を見て応募した。職種は厨房や物販などいくつかあったが、「皿洗いくらいの役に立てば」という気持ちだった。

山田さんは面接で皆川氏に、耳が遠いのが不安だと伝えた。皆川氏は山田さんの目を見てこう答えたという。「それはみんなに共有して助け合っていきましょう。それよりも、これまでの人生で経験したことを教えてあげてください」。山田さんは、皆川氏が「どれくらい売るか」といった販売力を見るのではなく、一人の人間として自分を受け止めてくれたことに感銘を受けた。正式に採用され、山田さんは販売担当に決まった。店頭に立って接客するのは初めての経験。しかも、売る商品はほとんどが女性向けの洋服だ。

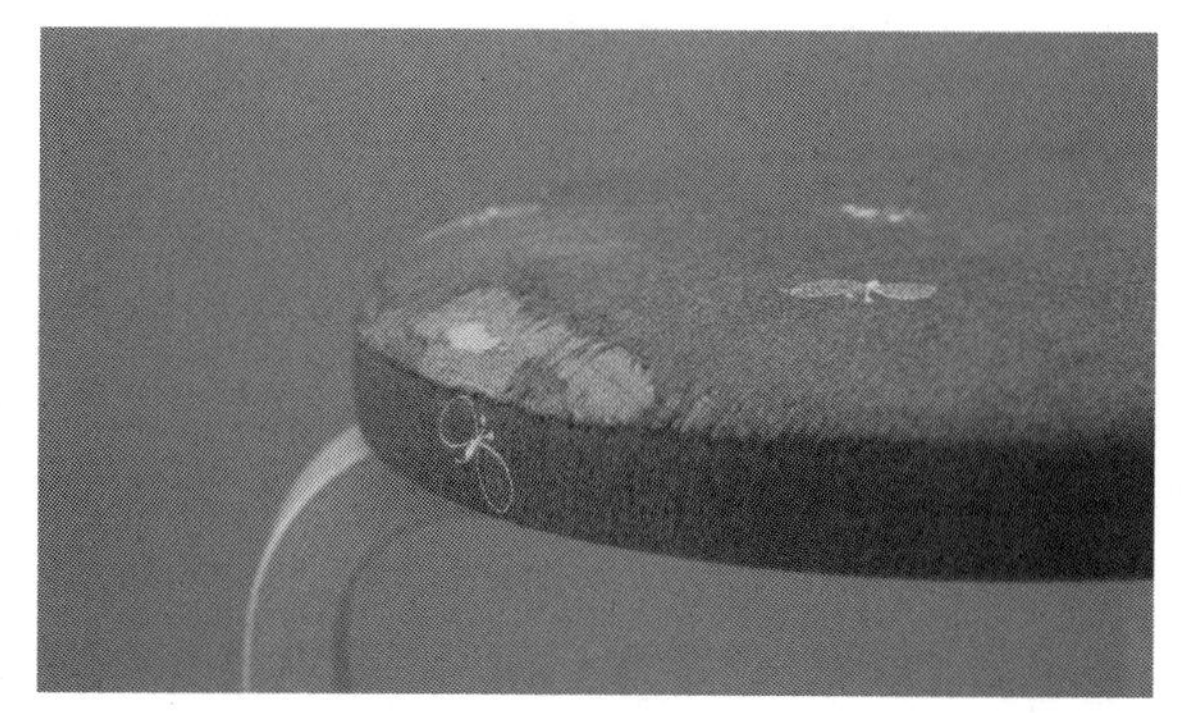

ミナペルホネンが独自で開発した家具用の生地「ドップ」。摩擦を繰り返すと裏地が見えてくる

「最初はお客様との距離の取り方が難しかったけれど、徐々に慣れました。お子様連れでいらっしゃる方も多いので、お子様の相手をさせていただくこともあります。先日は、地方からいらした40代のお客様が再訪して、私にお土産をくださったんです。こうした出会いは本当にうれしいですね」。山田さんは、楽しそうに経験談を語る。

すべての商品を覚えることは、まだなかなかできない。それでも山田さんは、売り場の雰囲気を明るくする販売員として欠かせない存在になっている。「日々勉強です。今朝、店長に靴下を選んでもらったので、早速穿いてみようと思います」と笑う。

ミナペルホネンは従業員数約150人、売上高30億円規模のブランドに成長した。モノ作りから人材育成まで、皆川氏の思いが色濃く反映された経営スタイルを、「30億円規模のブランドだから実現できるのだ」と思う関係者もいるだろう。

だが皆川氏は、そんな見方を軽やかに否定する。「売上高が100倍になっても、十分に今の姿勢を貫ける」。生地の種類を10倍、生産能力を10倍にして今の質を保つことはできるというのだ。しかし、それをするつもりはない。「企業規模が100倍になった時には、ある種のトレンドやスタンダードに近い存在になっているはず。そうなるとほかのブランドも私たちと同じような取り組みを始めて似たようなものを作り、ファッション業界は多様性を失ってしまう。私たちの独自性も消えてしまう。それは面白くない」（皆川氏）。

ミナペルホネンで働く山田広嗣さん（写真右）は、77歳だ

大量生産に走って弱体化したアパレル業界のアンチテーゼとして、ミナペルホネンをとらえる人は多い。事実、皆川氏本人も大量生産には否定的だ。だが、これを「短期に大量に」ではなく、「長期で大量に」ととらえ直せば、違った可能性が生まれるとも考えている。そしてこれこそが、ミナペルホネンの目指す姿でもあるという。

「短い間に大量生産すると、すぐに供給過多に陥って飽きられてしまう。長い目で見ればその絶対量は多いとは言えない。けれど一つのデザインを長期間にわたって作るという仕事は、長い目で見れば大量に生産していることになる。私たちはそうした仕事を手掛けたい。それは工場にとっても良いことだし、私たちのデザインが長く使われることにもなる。10年後も100年後も作り続けているという意味での大量生産であれば、それは私たちの目指す姿だ」

ミナペルホネンでは達成すべき数値目標は設けていない。半面、「これ以上伸ばすべきではない」という数字は存在している。２０１７年現在、その数字は売上高の前年比２割増。これ以上、売り上げが伸びれば人的負担が増し、生産キャパシティーを超えて納期遅れなどの問題が発生しやすくなるからだ。

ミナペルホネンの経営方針は、あらゆる面でこれまでの国内アパレル企業のビジネスモデルとかけ離れている。だからこそ、アパレル不況の中でも彼らはその波に巻き込まれることなく成長を続けていられるのだ。

「一番売れる日」に全店休業

疲弊するアパレル産業の中で、従来型のビジネスモデルを否定して成功する新世代のアパレル企業が増えているのは、日本だけではない。世界中の先進国で同じような動きが生まれつつある。その代表的な存在がアウトドアブランドの米パタゴニアだ。同社は環境という観点から、大量生産が長くは続かないと判断。新しい商品を大量に作るのではなく、限られた原料で、適正な量を生産することを経営方針に掲げている。

「DON'T BUY THIS JACKET（このジャケットを買わないでください）」

２０１５年11月、米ニューヨーク・タイムズの紙面広告に大きな文字が躍った。11月第4金曜日の「ブラックフライデー」に向けて公開されたこの広告は、業界の話題をさらった。

パタゴニアは、ブラックフライデーに全米の店舗を閉め、２５０ページのようなポスターを公開した。「DON'T BUY THIS JACKET」という文言とともに大きく掲載されているのは、まさにパタゴニアのフリースである。

自社の商品を「買うな」と訴える広告など、普通に考えれば常識外れもいいところだ。だがパタゴニアはそう伝えることで、とにかく商品を安くして、何でもいいから消費者に買わせようとする小売業の姿勢に一石を投じた。

２０１６年のブラックフライデーでは、店舗を開けこそするものの、この日の売り上げのすべてを環境保護団体に寄付すると発表した。結果、この日の売上高は１０００万ドル（約11億円、1ドル＝１１０円換算）に達し、予想していた売上高２００万ドル（約２億２０００万円）の5倍を超える金額になった。

「とにかく何でもいいから消費を促進させようとするブラックフライデーは、負の側面が大きい」とパタゴニア日本支社長の辻井隆行氏は語る。

パタゴニアが2015年のブラックフライデーに出した広告

パタゴニアは、小売業の「売らんかな」という姿勢が間違っていると古くからメッセージを発信してきた。環境保護を大切に考えているためだ。同社は1970年代から環境保護活動に取り組み、今ではそれがライバルとの差別化につながっている。

1985年からは毎年、売り上げの1%以上を環境保護団体に寄付している。その頃から主に3つの経営方針を掲げてきた。新品を作る場合はなるべく環境負荷の低い生地や薬品を使うこと。リサイクル素材を使う商品をなるべく増やすこと。そして、販売した商品を長く使ってもらうこと。

1つ目の方針で言えば、例えば同社は

1996年以降、すべての綿製品で農薬を使わないオーガニックコットンを使用している。染料や防水加工などの処理には、有害化学薬品は使わず、環境負荷の少ない成分を使う。ただ、「新しい製品を一から作ると、どうしても環境負荷が高くなる」（辻井氏）。そのためなるべくリサイクル素材やリサイクル可能な素材を活用して、環境負荷を下げようとしている。

既にフリースは全体のうち約7割がリサイクルポリエステルから製造している。帝人と協力し、低分子レベルまで分解した素材を、フリースに使っているのだ。さらに2016年秋冬シーズンに発表した「リサイクルダウン」は、羽毛布団などから回収されたダウンを使う。ジッパーやボタンもリサイクルで作った、「100％リサイクル」の特別商品も発表した。

リサイクル素材を使うハードルは高い。大きな課題は、価格が高くなることだ。

「ペットボトルなどと比べると、アパレルのリサイクルはまだ普及していない。回収量が増えても使う人が増えなければ仕方がないし、使う人が増えても回収量がそれに伴わなければ〝使えない〟素材になる」（パタゴニアのリサイクル活動に協力する帝人フロンティア情報企画部の宮武龍大郎部長）。回収量と使用量が両方増えなければ価格は安くならない。今後、多くの企業が取り組むようになれば、その分価格は下がるはずだ。

品質についても改良の余地はある。「環境負荷の低い商品を作っても長持ちしなかったり、着心地が悪かったり、ニーズに合っていなければ、結局長く着てもらえないため意味がない」(辻井氏)。現存商品と遜色ないレベルの商品も生産できるが、まだ乗り越えるべき課題はたくさんある。

3つ目の、手元にあるアパレルを「長生き」させることは、パタゴニアが最も注力している取り組みだ。「環境に配慮した新商品を作るよりも、既に使っているものを長く使ってもらう取り組みの方が、容易に実行できる」とパタゴニア日本支社環境対策担当の佐藤潤一氏は語る。

もともとパタゴニアでは、自社の商品を修理するサービスを手掛けていた。日本では、神奈川県の鎌倉にある修理センターで、年間1万点の自社商品を修理している。2013年からは、全世界で「ウォーンウエア(Worn Wear)」というキャンペーンを展開。これは「着古した服」という意味で、修理や手入れを重ねて長く着続けようと発信している。2015年春には専用トラックも開発。ミシンや取り替えパーツを載せたワゴン車が人々の服を無料で修理して回っている。現在は、欧米で展開しているが、今後は日本でも同様のキャンペーンを行う計画だという。

顧客がパタゴニアの製品を修理しながら長く着続けるようになれば、新商品は売れなく

パタゴニアは古い布団や枕に詰められていた羽毛を回収、洗浄、処理する企業から、使用済みのダウンを調達する

再生素材で開発した「リサイクルダウン」

なるはずだ。そんな危惧はないのだろうか。佐藤氏は次のように答える。

「私たちは新品を売ることだけをビジネスとは考えていない。環境破壊が進む中、いずれは新品を作るだけのビジネスモデルは限界を迎え、必然的に修理やリユース商品が注目を浴びるようになる。今でも『新品でなくてもいい』という考えは少しずつ広がっている。今後さらにリユース市場が伸びると考えれば、新品と中古品の売上高の構成比が入れ替わるだけで、アパレル企業として成り立たなくなるとは思わない」

パタゴニアは非上場企業で、年間売上高は全世界で約10億ドル（約1100億円）だ。業績は、年々右肩上がりで伸びてはいるが、ほかのアウトドアブランドと比べると、その規模は決して大きいとは言えない。「パタゴニアが今後も成長を続けることは意味があると考えている。ビジネスとして成功しなければ、消費者にも他企業にも関心を持ってもらえない。例えば我々以外の大手企業が1つの商品だけでもリサイクルに配慮すれば、そのインパクトは何十倍にもなるはず。どれだけたくさんの企業を巻き込めるかが今後の課題になる」と辻井氏は語る。

世の中は大量の衣料品であふれている。にもかかわらず、さらに日々新たな商品を作り続けることに、どれほどの意味があるのか。長期間使ってもらうモデルを模索すれば、不毛な「短期大量生産」のサイクルから脱することができるし、「修理」「リサイクル」を新

ミシンや代替パーツなどを載せたパタゴニアのワゴン

「ウォーンウエア」というキャンペーンを展開し、服の修理を手掛けて回る

たな成長の柱に据えれば、新品を作らずともビジネスは成り立つのかもしれない。

「誰がアパレルを殺すのか」

アパレル業界が内包する問題は多くの日本企業に共通する。高度経済成長期の栄光を忘れられないまま、バブル崩壊やデフレといった環境変化を直視しようとしなかった。場当たり的な対処を続け、気が付けば業績不振は深刻さを増していった。それでも業界内のライバルとの競争ばかりに明け暮れ、時代から取り残されていった。痛みを伴う改革を避け、ひたすら現状維持に固執する思考停止の姿勢が、今、この瞬間もアパレル業界を窮地に追い詰めている。

「誰がアパレルを殺すのか」。こうした問題意識で、業界の不振の構図を明らかにしようと取材を進めてきた。アパレル業界関係者は皆、目の前の仕事を粛々と進めているだけなのに、なぜか産業は泥沼へと突入してしまう――。そんな〝無自覚な自殺〟の構図は、日本経済全体に漂う閉塞感の温床にもなっているように、記者には映った。

2014年頃から表面化したアパレル業界の不振は、各社の相次ぐリストラの成果で表面的には小康状態に入りつつある。ただ、それは本質的な解決策ではない。不採算店を閉めて退職者を募れば、確かに短期的な利益は改善するだろう。しかしその先に新しい成長モデルを描けないのであれば、後はひたすら縮小均衡に陥るだけだ。

アパレル業界の不振にはまだ出口が見えない。バブル崩壊や長期のデフレという荒波を乗り越えるため、銀行業界や電機業界は脱落した企業をライバルがのみ込むなど、大きな再編を繰り返してきた。だがアパレル業界はまだその入り口に立ったばかりだ。大手アパレル各社や百貨店が繰り広げる大規模再編は、むしろこれから本格的に始まるはずだ。

ただ、これはチャンスでもある。長く続いてきた業界の悪習や不合理と決別する絶好の機会だからだ。既存のビジネスモデルが限界を迎えたのであれば、それを自己変革の好機ととらえればいい。市場から脱落する企業が増えるならば、逆に強いビジネスモデルを構築した新興勢力はより成長しやすくなるはずだ。

第3章で見たようにＩＴ（情報技術）を駆使してアパレル業界の「外」から勢力地図を塗り替えようとする動きは今後も加速するはずだ。第4章で取り上げたような、業界を「中」から改革する挑戦者も増えるに違いない。彼らに共通するのは消費の潮流を見極めながら、リスクを取って現状を変えようとする強い意志と希望だ。

分業体制の確立しているアパレル業界を横断的に見渡し、そのすべてに目配せをしながら衰退の流れを食い止めるのは、決して簡単なことではない。それでも日本のアパレル業界は、戦後の焼け野原から立ち上がる中で、これまでにないビジネスモデルや商品を生み出して成長した歴史がある。かつてなく厳しい目前の逆境は、次の成長のための発射台と言い換えることができるはずだ。

絶望するにはまだ早いが、流れを変えるなら今しかない。すべての取材を終えた後だからこそ、そう強く確信している。

本書が何かを変えようと挑むすべての人の背中を押すきっかけとなれたなら、これ以上の幸せはない。

●参考文献

『樫山純三　走れオンワード　事業と競馬に賭けた50年』 樫山純三（日本図書センター）
『Fashion Business 創造する未来』 尾原蓉子（繊研新聞社）
『未完の流通革命　大丸松坂屋、再生の25年』 奥田務（日経BP社）
『百貨店サバイバル　再編ドミノの先に』 田中陽（日本経済新聞出版社）
『ミナを着て旅に出よう』 皆川明（文藝春秋）
『ミナカケル』 ミナペルホネン（ミナ）
『ミナ ペルホネン？』 ミナペルホネン（ビー・エヌ・エヌ新社）
『アース ミュージック＆エコロジーの経営学』 石川康晴、日経トップリーダー編（日経BP社）
『レスポンシブル・カンパニー』 イヴォン・シュイナード、ヴィンセント・スタンリー（ダイヤモンド社）

●資料

ワールド50周年記念誌
三陽商会60年史
経済産業省「アパレル・サプライチェーン研究会報告書」
日本繊維輸入組合「衣類輸入状況統計」
総務省「家計調査」

●口絵写真

在庫処分業者の倉庫＝菅野 勝男
三越千葉店＝的野 弘路
百貨店の既製服売り場＝朝日新聞社
ゾゾタウンの倉庫＝的野 弘路
エバーレーンの店舗＝ Mayumi Nashida
TOKYO BASE の谷正人 CEO= 竹井 俊晴

●本文写真

第 1 章
81 ページ＝的野 弘路
89 ページ＝大槻 純一

第 2 章
101 ページ＝毎日新聞社 / アフロ
103 ページ＝朝日新聞社
105 ページ上＝朝日新聞社
105 ページ下＝読売新聞 / アフロ
111 ページ上＝読売新聞 / アフロ
111 ページ下＝朝日新聞社
114 ページ＝竹井 俊晴

第 3 章
141 ページ上＝スタジオキャスパー
147 ページ 2 点＝ Mayumi Nashida
149 ページ 2 点＝ Mayumi Nashida
179 ページ 2 点＝的野 弘路
187 ページ＝鮫島 亜希子

第 4 章
201 ページ＝スタジオキャスパー
225 ページ下＝スタジオキャスパー
237 ページ＝阿部 卓功
247 ページ＝鮫島 亜希子

本書は２０１７年5月に日経ＢＰから刊行した同名書を加筆、文庫化したものです。

nbb
日経ビジネス人文庫
誰(だれ)がアパレルを殺(ころ)すのか
2020年4月1日　第1刷発行

著者
杉原淳一
すぎはら・じゅんいち
染原睦美
そめはら・むつみ

発行者
白石 賢

発行
日経BP
日本経済新聞出版本部

発売
日経BPマーケティング
〒105-8308 東京都港区虎ノ門4-3-12

ブックデザイン
鈴木成一デザイン室

本文DTP
アーティザンカンパニー

印刷・製本
中央精版印刷

Printed in Japan ISBN978-4-532-19973-9

nbb 好評既刊

nbb 好評既刊

稲盛和夫のガキの自叙伝
私の履歴書

稲盛和夫

「経営は利他の心で」「心を高める経営」――度重なる挫折にもめげず、人一倍の情熱と強い信念で世界的企業を育てた硬骨経営者の自伝。

稲盛和夫の経営塾
Q&A 高収益企業のつくり方

稲盛和夫

なぜ日本企業の収益率は低いのか？　生産性を10倍にし、利益率20％を達成する経営手法とは？　日本の強みを活かす実践経営学。

アメーバ経営

稲盛和夫

組織を小集団に分け、独立採算にすることで、全員参加経営を実現する。常識を覆す独創的・経営管理の発想と仕組みを初めて明かす。

人を生かす
稲盛和夫の経営塾

稲盛和夫

混迷する日本企業の根本問題に、ずばり答える経営指南書。人や組織を生かすための独自の実践哲学・ノウハウを公開します。

従業員をやる気にさせる7つのカギ

稲盛和夫

稲盛さんだったら、どうするか？　混迷を深める時代に求められる「組織を導くための指針」を伝授。大好評「経営問答シリーズ」第3弾

nbb 好評既刊

「一流」の仕事

小宮一慶

「一人前」にとどまらず「一流」を目指すために、仕事への向き合い方やすぐにできる改善、スキルアップ法を、人気コンサルタントがアドバイス。

「3人で5人分」の成果を上げる仕事術

小室淑恵

残業でなんとかしない、働けるチームをつくる、無駄な仕事を捨てる……。限られた人数と時間で結果を出す、驚きの仕事術を大公開！

35歳からの勉強法

齋藤 孝

勉強は人生最大の娯楽だ！ 音楽・美術・文学など興味ある分野から楽しく教養を学び、仕事も人生も豊かにしよう。齋藤流・学問のススメ。

人はチームで磨かれる

齋藤 孝

皆が当事者意識を持ち、創造性を発揮し、助け合うチームはいかにしてできるのか。その実践法を、日本人特有の気質も踏まえながら解説。

すぐれたリーダーに学ぶ言葉の力

齋藤 孝

傑出したリーダーの言葉には力がある。世界観と哲学、情熱と胆力、覚悟と柔軟さ——。賢人たちの名言からリーダーシップの本質に迫る。

nbb 好評既刊

問題解決ラボ

佐藤オオキ

400超の案件を同時に解決し続けるデザイナーの頭の中を大公開！　デザイン目線で考えると、「すでにそこにある答え」が見えてくる。

佐藤可士和の超整理術

佐藤可士和

各界から注目され続けるクリエイターが、アイデアの源を公開。現状を打開して、答えを見つけるための整理法、教えます！

佐藤可士和のクリエイティブシンキング

佐藤可士和

クリエイティブシンキングは、創造的な考え方で問題を解決する重要なスキル。トップクリエイターが実践する思考法を初公開します。

佐藤可士和の打ち合わせ

佐藤可士和

打ち合わせが変われば仕事が変わり、会社が変わり、人生が変わる！　超一流クリエイターが生産性向上の決め手となる9つのルールを伝授。

LEAN IN

シェリル・サンドバーグ
川本裕子＝序文
村井章子＝訳

日米で大ベストセラー。フェイスブックCOOが書いた話題作、ついに文庫化！　その「一歩」を踏み出せば、仕事と人生はこんなに楽しい。

nbb 好評既刊

ワインの世界史

山本 博

メソポタミアで生まれたワインは、どのようにして欧州、世界へと広がったのか？　日本のワイン評論のパイオニアによるワイン全史。

シャンパン大全

山本 博

シャンパンは人生をひときわ輝かせるワインだ。第一人者がその魅力、歴史、味わい方、造り手まで、シャンパンのすべてを語り尽くす。

スイスイ完成！ ワード「ビジネス文書」ワザ99

吉村 弘

簡単な操作を知るだけで、仕事の書類がもっと手早く、カンタンに作成できる。見違えるようになる！　使えるワザを目的別に紹介。

ニュースと円相場で学ぶ経済学

吉本佳生

景気、物価、貿易……これら毎日の経済ニュースによって円相場は動いている。マクロ経済学の知識が身につく人気の入門書を文庫化。

「なぜか売れる」の公式

理央 周

ヒットするも、しないもすべては必然。流行する商品、店舗には、どんな秘密があるのか。売れるメカニズムをシンプルに解明する。

nbb 好評既刊

「なぜか売れる」の営業

理央 周

なぜ売り込むと顧客は逃げてしまうのか。マーケティングのプロが、豊富な実体験、様々な会社の事例を紹介しながら解説する営業の王道。

なぜ、お客様は「そっち」を買いたくなるのか？

理央 周

落ち目のやきとり店が打つべき一手、人気のパン屋と暇な店の違い――。2択クイズを解くだけでMBA式マーケティングの基礎が学べます。

成功する練習の法則

ダグ・レモフ
エリカ・ウールウェイ
ケイティ・イェッツイ

時間ばかりかけて自己満足？　勉強でもスポーツでもビジネスでも、効率的なスキル向上に不可欠な「正しい練習法」が身につく注目の書。

Ｗｈｏ Ｇｅｔｓ Ｗｈａｔ

アルビン・E・ロス
櫻井祐子＝訳

進学、就活、婚活、臓器移植……。従来手がけなかった実社会の難題に処方箋を示す新しい経済学をノーベル経済学賞受賞の著者が自ら解説。

未来をつくるキャリアの授業

渡辺秀和

1000人を越える相談者の転身を支援してきたキャリアコンサルタントが、夢を叶えるためのキャリアの作り方を伝授する！